ISW Forschung und Praxis

Berichte aus dem Institut für Steuerungstechnik
der Werkzeugmaschinen und Fertigungseinrichtungen
der Universität Stuttgart

Herausgeber: Prof. Dr.-Ing. G. Pritschow

Band 69

Joachim Mayer

Werkzeugorganisation für flexible Fertigungszellen und -systeme

Springer-Verlag
Berlin Heidelberg GmbH 1988

D 93

Mit 51 Abbildungen

ISBN 978-3-540-18715-8   ISBN 978-3-662-10928-1 (eBook)
DOI 10.1007/978-3-662-10928-1

Gesamtherstellung: Druckerei Kuhnle, Esslingen

2362/3020-543210

Geleitwort des Herausgebers

In der Reihe „ISW Forschung und Praxis" wird fortlaufend über Forschungs-
ergebnisse des Instituts für Steuerungstechnik der Werkzeugmaschinen und
Fertigungseinrichtungen der Universität Stuttgart (ISW) berichtet, das sich in
vielfältiger Form mit der Weiterentwicklung des Systems Werkzeugmaschine
und anderer Fertigungseinrichtungen beschäftigt. Die Arbeiten dieses Instituts
konzentrieren sich im besonderen auf die Bereiche Numerische Steuerungen,
Prozeßrechnereinsatz in der Fertigung, Industrierobotertechnik sowie Meß-,
Regel- und Antriebssysteme, also auf die aktuellsten Bereiche der Fertigungstechnik. Dabei stehen Grundlagenforschung und anwenderorientierte
Entwicklung in einem stetigen Austausch, wodurch ein ständiger Technologie-
transfer zur Praxis sichergestellt wird.

Die Buchreihe erscheint in zwangloser Folge und stützt sich auf Berichte über
abgeschlossene Forschungsarbeiten und Dissertationen. Sie soll dem Inge-
nieur bei der Weiterbildung dienen und ihm Hilfestellungen zur Lösung spezifischer Probleme geben. Für den Studierenden bietet sie eine Möglichkeit zur
Wissensvertiefung. Sie bleibt damit unter erweitertem Namen und neuer Her-
ausgeberschaft unverändert in der bewährten Konzeption, die ihr der Gründer
des ISW, der leider allzu früh verstorbene Prof. Dr.-Ing. G. Stute, im Jahre 1972
gegeben hat.

Der Herausgeber dankt der Druckerei für die drucktechnische Betreuung und
dem Springer Verlag für Aufnahme der Reihe in sein Lieferprogramm.

G. Pritschow

<u>Vorwort</u>

Die vorliegende Arbeit entstand während meiner Tätigkeit
als wissenschaftlicher Mitarbeiter am Institut für Steuerungstechnik der Werkzeugmaschinen und Fertigungseinrichtungen der Universität Stuttgart.

Herrn Professor Dr.-Ing. A. Storr gilt mein besonderer
Dank für das Interesse an meiner Arbeit und die Unterstützung bei ihrer Entstehung. Seine intensive Durchsicht und
die damit verbundenen wertvollen Hinweise haben ganz we-
sentlich zum Gelingen beigetragen. Ebenso danke ich Herrn
Professor Dr.-Ing. G. Pritschow für seine Anregungen.

Mein Dank gilt auch Herrn Professor Dr.-Ing. habil. H.-J.
Bullinger für seine Bereitschaft, den Mitbericht zu übernehmen.

Allen Kollegen der Gruppe 4 und 5 insbesondere den Herren
Dipl.-Ing. R. Donn und Dipl.-Ing. M. Walker, sowie allen
Mitarbeitern und Studenten des Instituts, die zum Gelingen
dieser Arbeit beigetragen haben danke ich für ihre Hinweise
und wertvollen Anregungen.

Joachim Mayer

- 7 -

Inhaltsverzeichnis

	Abkürzungen, Begriffe	10
1	Einleitung	11
2	Begriffe und Stand der Technik zum Werkzeugeinsatz in flexiblen Fertigungszellen und -systemen	16
2.1	Begriffsdefinitionen	16
2.2	Hardwaremäßige Realisierung des Werkzeugflusses	21
2.3	Werkzeugbezogener Informationsfluß in flexiblen Fertigungszellen und -systemen	23
2.3.1	Überblick über den Aufbau von Steuerungssystemen für verkettete Fertigungszellen und -systeme	23
2.3.2	Softwarefunktionen zur Steuerung des Werkzeugflusses	26
2.3.3	Verwalten der Werkzeuge und der Werkzeugzustandsdaten	27
2.4	Bewertung des Ist-Zustands	29
3	Integrierte Werkzeugorganisation	32
4	Gesamtbetriebliche Betrachtung der Werkzeugdaten	35
4.1	Funktionsbereich Werkzeugeinsatz	37
4.1.1	Informationsfluß und Werkzeugdaten in der Abarbeitungsphase	38
4.1.2	Informationsfluß und Werkzeugdaten in der Initialisierungs- und Vorbereitungsphase	44
4.2	Funktionsbereich Werkzeugversorgung	45
4.2.1	Informationsfluß und Werkzeugdaten zur Werkzeugmontage und -voreinstellung	46
4.2.2	Informationsfluß und Werkzeugdaten zur Werkzeugaufbereitung	49

4.3   Informationsfluß und Ablauffolge in der Werk-   51
           zeugplanung
4.4   Funktionsbereich Werkzeugbewirtschaftung   54
4.5   Anforderungen an den Datenaustausch zwischen   56
           den Funktionsbereichen

5   Struktur der Datenbasis   59
5.1   Datenmodelle im Vergleich   60
5.1.1   Das hierarchische Datenmodell   63
5.1.2   Das Netzwerkmodell   64
5.1.3   Das relationale Datenmodell   65
5.1.4   Bewertung der Datenmodelle   66
5.2   Umsetzen der Dateien in eine relationale   67
           Struktur
5.3   Randbedingungen bei der Strukturierung der   70
           Datenbasis

6   Werkzeugdatenbereitstellung in und für flexible   74
           Fertigungszellen und -systeme
6.1   Zuordnung der Funktionen und Dateien im Be-   74
           triebsbereich CAM bei unterschiedlichen Rechner-
           strukturen
6.1.1   Zuordnung der Funktionen und Dateien bei   76
           Rechnerstruktur I
6.1.2   Zuordnung der Funktionen und Dateien bei   80
           Rechnerstruktur II und III
6.2   Realisierung der werkzeugbezogenen Funktionen   83
           in Steuerungssystemen flexibler Fertigungs-
           zellen und -systeme
6.3   Vorgehen bei der Erstellung der werkzeug-   87
           bezogenen Dateien für Steuerungssysteme
6.3.1   Ermittlung der NC-programmspezifischen Daten   88
6.3.2   Werkzeugbelegungsplanerstellung   92

6.3.3   Erstellen der Werkzeugverwendungsliste, des   94
          -versorgungsplans und der Einstelliste

7   Realisierung der Werkzeugorganisations- und   101
          Werkzeugvoreinstellzelle
7.1   Aufbau von ISWO   101
7.1.1   Bedienoberfläche   104
7.1.2   Zugriff auf die Werkzeugstammdaten   111
7.2   Aufbau der Werkzeugvoreinstellzelle   114

8   Ausblick auf weiterführende Arbeiten   119

9   Zusammenfassung   122

          Literatur   124

Abkürzungen und Begriffe

AD	Adapter
CAD	Computer Aided Design; rechnerunterstütztes Konstruieren
CAM	Computer Aided Manufacturing; rechnerunterstützte Steuerung und Überwachung der Fertigung.
CAP	Computer Aided Planning; rechnerunterstützte Arbeitsplanung
CAQ	Computer Aided Quality Assurance; rechnerunterstützte Qualitätssicherung
CIM	Computer Integrated Manufacturing; rechnerunterstützte Produktion
CNC	Computerized Numerical Control; numerische Steuerung
DIN	Deutsches Institut für Normung
DNC	Direct Numerical Control; Rechnerdirektsteuerung
EXAPT	Extended Subset of APT; fertigungstechnisch orientiertes Programmiersystem
FFS	Flexibles Fertigungssystem
FFZ	Flexible Fertigungszelle
FORTRAN	Formula Translation; technisch- naturwissenschaftliche Programmiersprache
ISWO	Integriertes Werkzeugorganisationssystem
KW	Komplettwerkzeug
Pascal	Universelle höhere Programmiersprache (nach franz. Mathematiker Pascal)
PP	Postprocessor; Nachverarbeitungsprogramm
PPS	Production Planning System; Produktionsplanung und - steuerung
SK	Schneidkörper
VL	Verlängerung
WZ	Werkzeug
WZID	Montiertes, voreingestelltes und mit einer Identnummer gekennzeichnetes Werkzeug
WZT	Werkzeugteil
WZZB	Werkzeugart (kompletter Stammdatensatz)

1 <u>Einleitung</u>

Seit der Inbetriebnahme des ersten flexiblen Fertigungssystems (FFS) /1,2,3/ im Jahre 1967 waren bis Ende 1985 über 162 Systeme /4/ (davon 30 in Deutschland) im Einsatz. Durch ständig sinkende Innovationszeiten für neue Produkte bei gleichzeitig sinkenden Stückzahlen gewinnen flexible Fertigungssysteme und -zellen /5/ auch für den mittelständischen Betrieb zunehmend an Bedeutung, so daß die Zahl realisierter Systeme schnell ansteigen wird.

Beim Aufbau der Anlagen übersteigen nicht selten die Kosten für die Verkettung der Fertigungseinrichtungen durch einen automatisierten Materialfluß und die technische und organisatorische Steuerung der Systeme die Kosten der Fertigungseinrichtungen. Die aus den Kapitalkosten resultierenden hohen Maschinen- und Anlagenstundensätze versucht man durch einen höheren Nutzungsgrad und eine Verkürzung der Maschinenzeiten zu kompensieren.

Untersuchungen /6/ ergaben, daß nicht verkettete Bearbeitungszentren für prismatische Werkstücke durchschnittlich nur zu 40...50 Prozent und für rotationssymmetrische Werkstücke zu 60...70 Prozent ausgelastet sind. Ist eine reibungslose Versorgung von Fertigungssystemen oder -zellen mit Werkstücken, Betriebsmitteln und Hilfsstoffen sichergestellt, so kann nach Untersuchungen /7/ ein zeitlicher Nutzungsgrad zwischen 85...95 Prozent erreicht werden. Dies setzt jedoch eine Minimierung von Nebenzeiten (z.B. Rüst-, Werkzeugwechselzeit) und der fehlerbedingten Stillstandszeiten voraus. Einen groben Anhaltspunkt über die wesentlichen Fehlerschwerpunkte liefert eine Analyse (Bild 1.1) der fehlerbedingten Stillstandszeiten verketteter Fertigungseinrichtungen /8/. Dabei wurde ermittelt, daß ein Anteil von ca. 21% der Stillstandszeiten auf fehlerhaft eingegebene Werkzeugkorrekturdaten und auf falsch eingestellten Werkzeugen beruht oder durch fehlende Ersatzwerkzeuge nach einem Werkzeugbruch verursacht werden.

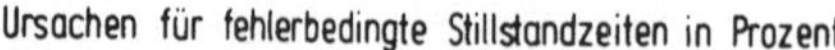

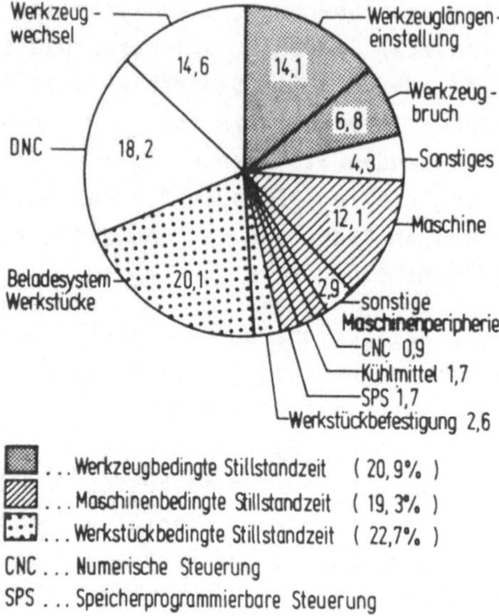

Bild 1.1: Aufteilung fehlerbedingter Stillstandszeiten.

Keine Berücksichtigung fanden bei dieser Analyse Minderaus-
lastungen der Fertigungseinrichtungen auf Grund nicht rechtzeitig verfügbarer Werkzeuge.

Der Funktionsbaustein zur Auftragsverteilung in Steuerungssystemen verketteter Anlagen prüft in der Regel vor der Er-
teilung eines Fertigungsauftrags das Vorhandensein aller Betriebsmittel an der Fertigungseinrichtung. Sind nicht alle
Betriebsmittel vorhanden, so wird dieser Auftrag für die Bearbeitung auf der Fertigungseinrichtung gesperrt und, wenn
möglich, ein anderer Auftrag eingeplant. Je nach Art und
Anzahl der zu bearbeitenden Werkstücke kann durch geeignete
Umplanung der Auftragsreihenfolge ein Maschinenstillstand
vollständig vermieden werden. Durch nicht verfügbare Werkzeuge verursachte Stillstandszeiten von Fertigungseinrichtungen lassen sich, bedingt durch die oben genannten Abhän-

gigkeiten, nicht pauschal angeben. Während Stillstandszeiten auf Grund von maschinen- oder steuerungsbedingten Fehlern sowie Fehlern bei der Datenverteilung (DNC) durch geeignete Test- /9,10/, Überwachungs- /11,12/ und Diagnosesysteme /13 14/ sowie durch vorbeugende Wartung /15/ verringert werden können, ist die Beseitigung von werkzeugbedingten Fehlern durch die Vielzahl von Einflußfaktoren schwieriger.

Daß die Fehlerbeseitigung nicht nur im Bereich der Fertigung ansetzen kann, erkennt man bei der Betrachtung des integrierten Informationsflusses (Bild 1.2) in Unternehmen. Einflußmöglichkeiten auf das Teilespektrum und somit auf die Art und Anzahl von Werkzeugen in den Fertigungsbereichen haben die Betriebsbereiche Produktionsplanung und -steuerung (PPS) durch die Festlegung der Fertigungsaufträge und -losgrößen, die Konstruktion (CAD), z.B. durch die Vorgabe nur mit Sonderwerkzeugen lösbarer Bearbeitungsaufgaben, und die Arbeitsplanung (CAP) durch die Festlegung von Fertigungsverfahren und Einsatzbedingungen.

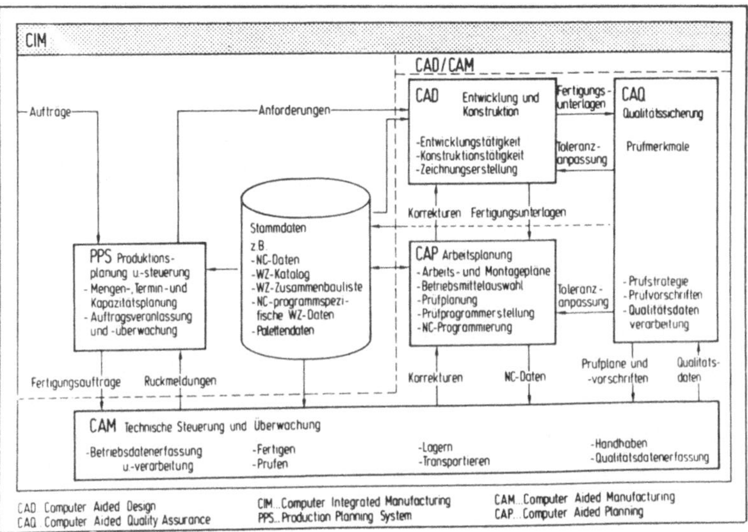

Bild 1.2: Integrierte Informationsverarbeitung /16/.

Betrachtet man in den einzelnen Betriebsbereichen nur die werkzeugbezogenen Aufgaben (Bild 1.3), werden die oben beschriebenen Abhängigkeiten noch deutlicher. Durch unterschiedliche Zielsetzungen (z.B. CAP - höchste Zerspanleistung durch Sonderwerkzeuge, CAM - geringer Verwaltungs- und Vorbereitungsaufwand) ergeben sich Zielkonflikte (Bild 1.4) für das Werkzeugwesen. Einheitliche Regelungen für die Betriebsbereiche sind daher, je nach Zielsetzung und Werkstückspektrum, spezifisch für jedes Unternehmen festzulegen.

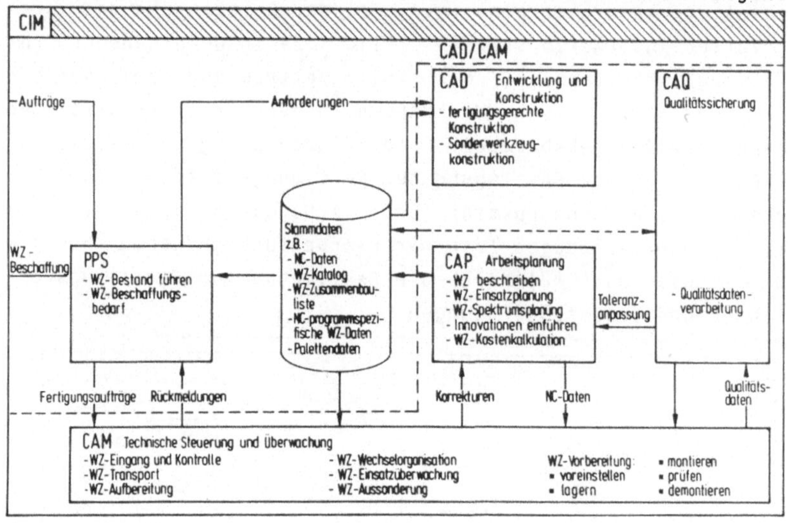

Bild 1.3: Einordnung der werkzeugbezogenen Aufgaben in den Betriebsbereichen /26/.

Untersuchungen, die im Rahmen der Arbeiten im Sonderforschungsbereich 155 durchgeführt wurden, ergaben, daß ein Großteil der werkzeugbedingten Probleme auf organisatorischen Mängeln bei der Speicherung, Verwaltung, Aktualisierung und Bereitstellung der Werkzeugdaten in den Betriebsbereichen beruht. Durch die wirtschaftlich begründeten kurzen Standzeiten der Werkzeuge, die einen stark erhöhten Werkzeugumlauf bedingen, werden diese Probleme noch verstärkt.

hoher Ausstoß, hohe Zerspanleistung		geringe Werkzeugkosten, geringer Werkzeugverbrauch
niedriger Werkzeugbestand		hohe Verfügbarkeit
niedriger Speicherplatzbedarf bei Beschreibung von Werkzeugzusammenbauten		flexible Verwendung der Werkzeugeinzelteile
geringer Verwaltungs- u. Vorbereitungsaufwand bei Standardwerkzeugen		minimale Fertigungszeit durch optimale Sonderwerkzeuge
einfache Verwaltung durch fixe Beschreibung auch bei Mehrfachverwendung desselben Werkzeugs		Flexibilität durch Trennung von einsatzunabhängigen und einsatzbezogenen Daten
geringe Vorbereitungskosten bei variabler Werkzeugvoreinstellung	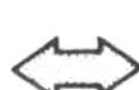	geringer Verwaltungsaufwand bei der Voreinstellung auf einen Vorgabewert
einfache Verwaltung durch generelle Aufbereitung teilverschlissener Werkzeuge		geringe Werkzeugkosten durch Mehrfachverwendung teilverschlissener Werkzeuge

Bild 1.4:   Zielkonflikte im Werkzeugwesen.

Will man fehlerbedingte Stillstandszeiten von Fertigungseinrichtungen flexibler Fertigungszellen und -systeme reduzieren, so ist der Zugriff von technischen und organisatorischen Steuerungssystemen auf die Werkzeugdaten zu verbessern. Dies setzt jedoch auch eine Betrachtung des Werkzeug- und des werkzeugbezogenen Informationsflusses in den Betriebsbereichen voraus, da z.B. fehlerhafte Werkzeuglängeneinstellungen sicher nicht alleine auf eine mangelhafte Werkzeugdatenspeicherung in den Steuerungssystemen zurückzuführen sind. Deren Einflüsse und Randbedingungen auf die Werkzeug- und Werkzeugdatenbereitstellung sind daher ebenfalls in die Analyse mit einzubeziehen. Dabei darf sicherlich auch die Form der Datenspeicherung und des Datenaustausches zwischen den Betriebsbereichen nicht vernachlässigt werden, soll das Ziel einer reibungslosen Werkzeugversorgung, bei minimalem Werkzeugbestand, erreicht und im Fehlerfall, z.B. nach einem Werkzeugbruch, Ersatzwerkzeuge automatisch ermittelt oder Eilbeschaffungen veranlaßt werden können.

2 Begriffe und Stand der Technik zum Werkzeugeinsatz in flexiblen Fertigungszellen und -systemen

Nachdem die Verkettung von Fertigungseinrichtungen durch einen zentralen Werkstückfluß mit unterschiedlichen Fördermitteln befriedigend gelöst wurde, arbeiten die Hersteller von Bearbeitungseinrichtungen verstärkt an Komponenten zur Erweiterung der Verkettung durch den Werkzeugfluß und zur weiteren Automatisierung des Maschinenumfeldes. Eine hardwaremäßige Realisierung des Werkzeugflusses bedingt jedoch auch, daß die Steuerungssysteme flexibler Fertigungszellen und -systeme um werkzeugbezogene Funktionen organisatorischer und technischer Art erweitert werden müssen.

Die Darstellung des Stands der Technik erfolgt daher unter den Aspekten der hard- und softwaremäßigen Integration der Werkzeuge und Werkzeugdaten in die Steuerungssysteme. Nachfolgend werden für die Arbeit zentrale Begriffe definiert und kurz hardwaremäßige Realisierungen des Werkzeugflusses vorgestellt, bevor detailliert die Verwaltung von Werkzeugen und der werkzeugbezogene Informationsfluß in verketteten Fertigungszellen und -systeme dargestellt wird.

2.1 Begriffsdefinitionen

Zunächst sollen einige für die vorliegende Arbeit grundlegende Begriffe definiert werden.

Flexibles Fertigungssystem
Flexible Fertigungssysteme sind Fertigungseinrichtungen, die automatisch und in nicht durch Umrüsten unterbrochener Folge verschiedene Werkstücke gleichzeitig bearbeiten und aus mehreren verketteten Einzelmaschinen bestehen /1/.

Flexible Fertigungszelle
Flexible Fertigungszellen sind nach /4 17/ die kleinsten autonomen Fertigungssysteme. In dieser Arbeit wird unter

einer flexiblen Fertigungszelle eine organisatorische Einheit bestehend aus 1 bis 4 Fertigungseinrichtungen verstanden, die über ein gemeinsames Materialflußsystem verkettet sind. Der technische und organisatorische Informationsfluß innerhalb der Zelle und der Datenaustausch mit anderen Bereichen wird durch einen Prozeßrechner, nachfolgend als Fertigungszellenrechner bezeichnet, organisiert und ausgeführt.

Funktionsbereich
Der Begriff Funktionsbereich beschreibt nach /18/ den Bereich eines Unternehmens, in welchem bestimmte und damit auch klar abgrenzbare Funktionen zu erfüllen sind. Kann diese Aufgabe auf mehrere Teilbereiche mit spezifischer Aufgabenstellung verteilt werden, so werden diese als Teilfunktionsbereiche bezeichnet.

Werkzeugwesen
Das Werkzeugwesen (Bild 2.1) umfaßt alle betrieblichen Funktionsbereiche, die den Werkzeugfluß oder den werkzeugbezogenen Informationsfluß beeinflussen oder von ihm beeinflußt werden.

In der Arbeit wird das Werkzeugwesen in die Funktionsbereiche

- Werkzeugplanung
- Werkzeugbewirtschaftung
- Werkzeugversorgung und
- Werkzeugeinsatz

gegliedert. Dabei wurde bewußt (entgegen /19 20/) die Werkzeugversorgung aus dem Funktionsbereich Werkzeugbewirtschaftung herausgelöst, da sich die für diesen Funktionsbereich erstellten Daten nur auf einen eng begrenzten Zeitraum einer Fertigungsperiode, meist eine Schicht beziehen. Die Daten der Werkzeugbewirtschaftung dagegen besitzen für die Dauer eines Beschaffungszeitraums (durchschnittlich ein Monat) Gültigkeit.

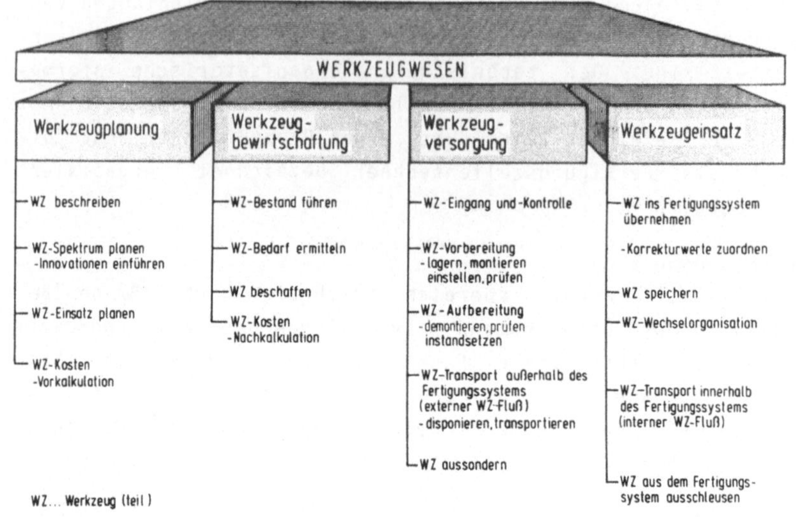

Bild 2.1: Gliederung des Werkzeugwesens /16/

Werkzeugdaten

Die zur Beschreibung eines Werkzeugs in den Funktionsbereichen des Werkzeugwesens benötigten Daten werden nach ihrem Verwendungszweck unterteilt in:

- identifizierende,
- geometrische,
- technologische,
- organisatorische und
- statistische

Daten. Eine Klassifizierung in:

- variable (veränderliche),
- fertigungsperiodenbezogene oder kurz periodenbezogene und
- konstante (unveränderliche)

Daten ist darüber hinaus sinnvoll um die Zugriffshäufig-

keit und die Anforderungen an eine Datenhaltung ableiten zu
können. Als periodenbezogen werden in diesem Zusammenhang
alle Werkzeugdaten bezeichnet die jeweils in einer Pla-
nungsperiode konstant sind bei einer Betrachtung über einen längeren Zeitraum sich jedoch verändern (z.B Zuordung
einer Werkzeugidentnummer zur Werkzeugadresse in einem NC-
Programm nach DIN 66025 /21/).

Daten	Beispiel	vorherrschende Datenart
identifizierend	- Betriebsmittelnummer - Zusammenbautyp	konstant + periodenbezogen
geometrisch	- Länge - Spanwinkel	konstant + variabel
technologisch	- maximale Schnittkraft - Schneidstoffcode	konstant
organisatorisch	- Stückzahl - Einsatzzeitpunkt	variabel + periodenbezogen
statistisch	- Einsatzhäufigkeit - Einsatzdauer	variabel

Tabelle 2.1:   Klassifizierung von Werkzeugdaten

Werkzeugdatenbasis
Menge aller werkzeugbezogenen Daten die in den Funktions-
bereichen des Werkzeugwesens erzeugt oder benötigt werden
Die Daten sind in einem organisierten Speicher /22/ ihrer
Datenstruktur entsprechend, in mehreren Dateien geordnet
abgelegt.

Werkzeugdatenverwaltung
Aufbauend auf der Werkzeugdatenbasis steuert die Werkzeugdatenverwaltung oder kurz Werkzeugverwaltung die Speicherung, Modifikation und Bereitstellung der Werkzeugdaten Um
diese Funktionen erfüllen zu können muß der Werkzeugverwaltung die Datenstruktur. d.h. die Aufteilung der Werkzeugdaten auf die einzelnen Dateien bekannt sein. Eine allge-

meingültige Datenstruktur kann nicht definiert werden da
sie vom jeweils gewählten Datenmodell /23 24/ abhängt

Werkzeugorganisation

Die Werkzeugorganisation stellt sicher, daß die Aufgaben
des Werkzeugwesens zeitgerecht erfüllt werden. Dazu bestimmt
und überwacht die Werkzeugorganisation den Werkzeugdatenaus-
tausch zwischen den Funktionsbereichen des Werkzeugwesens
und legt die Methoden zur Erstellung und Modifikation von
Werkzeugdaten fest.

Externer Werkzeugfluß

Der externe Werkzeugfluß dient zur Ver- und Entsorgung von
Fertigungssystemen mit Werkzeugen. Schnittstellen des externen Werkzeugflusses sind auf der einen Seite das Werkzeuglager im Bereich der Werkzeugvoreinstellung (Bild 2.2) und
je nach Automatisierungsgrad der Anlagen der zentrale
Werkzeugspeicher oder die Maschinenmagazine der Fertigungseinrichtungen auf der anderen Seite.

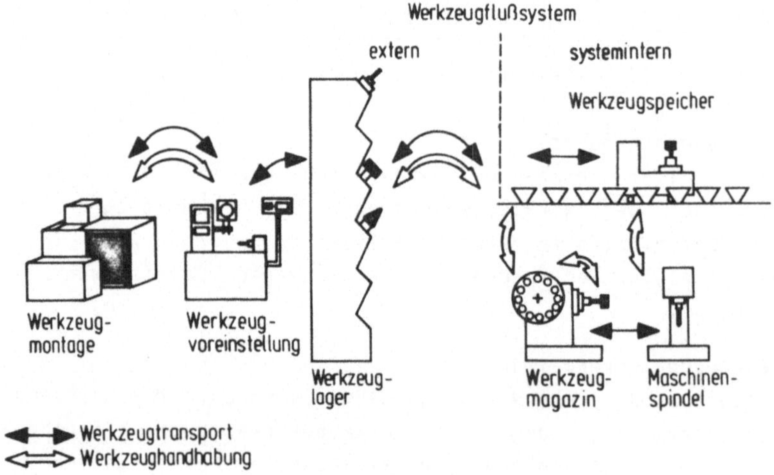

Bild 2.2:   Werkzeugspeicher-, Werkzeugtransport- und
             -handhabungsmöglichkeiten.

Systeminterner Werkzeugfluß

Der systeminterne Werkzeugfluß erfüllt die notwendigen Funktionen um die an der Systemgrenze eines Fertigungssystems zwischengepufferten Werkzeuge orts- zeit- und lagerichtig in der Arbeitsspindel bereitzustellen. Nach dem Einsatz der Werkzeuge werden diese an der Systemgrenze zur Entsorgung durch den externen Werkzeugfluß abgelegt.

2.2 Hardwaremäßige Realisierung des Werkzeugflusses

Beim Rüsten verketteter Fertigungseinrichtungen ohne zentralen Werkzeugfluß werden die Werkzeugsätze. die zur Fertigung eines Teilemixes (unterschiedliche Werkstücktypen werden quasi gleichzeitig in der Anlage bearbeitet) erforderlich sind manuell in das Maschinenmagazin eingewechselt Der Flexibilitätsgrad der Fertigungseinrichtung hängt aus diesem Grund stark von der Speicherkapazität des Maschinenmagazins ab /25/. Auch in Anlagen mit sich ersetzenden Fertigungseinrichtungen ergeben sich daher Einschränkungen für die Disposition des Werkstückflusses

Um die Dispositionsfreiheit zu erhalten wurde in einem der ersten Ansätze in der Pilotanlage des Sonderforschungsbereichs 155 an der Universität Stuttgart /26/ ein Werkzeugflußsystem aufgebaut. Über separat angeordnete Fördermittel erfolgt der Transport in maschinenspezifisch angeordnete Übergabepositionen und mit Werkzeugaustauschgeräten die Einwechslung der Werkzeuge in die Magazine der Fertigungseinrichtungen. Zwischenzeitlich bietet nahezu jeder Werkzeugmaschinenhersteller ein auf sein Maschinenkonzept zugeschnittenes Werkzeugwechselsystem an. Prinzipiell können diese in Systeme zum Austausch einzelner Werkzeuge oder Werkzeugteile und zum Austausch ganzer Magazinteile untergliedert werden. Die Forderung nach einem hauptzeitparallelen Werkzeugaustausch (Einwechseln der Werkzeuge in das Maschinenmagazin während einer Bearbeitung) wird dabei von den meisten Systemen erfüllt. Die nachfolgende Aufzählung nennt beispielhaft einige bereits realisierte Varianten:

- zum Austausch einzelner Werkzeuge oder Werkzeugteile:
  * schienengebundene Werkzeugtransportgeräte /27/
  * Portallader /7 28/.
  * Industrieroboter /29/.
  * induktiv geführte Flurförderzeuge /29 45/ und
  * Sondervorrichtungen zum Tausch schneidender Werkzeugteile /30/,
- zum Austausch ganzer Magazinteile:
  * Austausch schubladenartiger Magazinkassetten /31 28/.
  * Austausch von kammerartigen Speicherzeilen /45/,
  * Austausch europalettenartiger Speicher /31/.

Dabei ist der Trend zum Austausch ganzer Magazinteile bei Bearbeitungseinrichtungen für Bohr- und Fräs- sowie zum Tausch schneidender Werkzeugteile bei Drehaufgaben zu beobachten.

Werden Fertigungseinrichtungen bei denen ganze Magazinteile auswechselbar sind, in Fertigungszellen und -systeme eingebunden. so sind eine Reihe zusätzlicher organisatorischer Funktionen im Steuerungssystem vorzusehen Als Beispiele hierfür sind Rüstpläne oder -dialoge zur Werkzeugkommissionierung zu nennen über die die aktuelle Belegung des Magazinteils für die Bestückung vorgegeben oder erfaßt werden kann. Zusätzlich sind im laufenden Betrieb Einschränkungen bei der Reihenfolgeplanung der Aufträge aufgrund der maximal im Zugriff der Fertigungseinrichtung befindlichen Anzahl von Magazinteilen zu beachten. Gerade hier werden hohe Anforderungen an den Planungshorizont der Steuerungssysteme gestellt. da die Flexibilität nur durch vorausschauendes "Umordnen" der Werkzeuge zwischen den Magazinteilen erreicht werden kann.

2.3 Werkzeugbezogener Informationsfluß in flexiblen Fertigungszellen und -systemen

Der werkzeugbezogene Informationsfluß läßt sich unterteilen in Funktionen zur Steuerung des Werkzeugflusses und zur Verwaltung der Werkzeuge und der werkzeugbezogenen Daten im Steuerungssystem. Beide Funktionen bedingen eine Erweiterung des Steuerungssystems. Daher wird nachfolgend zur Verdeutlichung der Aufgabenverteilung in Steuerungssystemen ein kurzer Überblick über deren Aufbau und die interne Funktionsverteilung gegeben.

2.3.1 Überblick über den Aufbau von Steuerungssystemen für verkettete Fertigungszellen und -systeme

Steuerungssysteme für flexible Fertigungszellen und -systeme setzen sich aus zwei Komponenten der Hardware (Prozeßrechner, prozeßnahe Steuergeräte, Datenübertragungsleitungen) und der Software (Dateien und Dokumentationsdaten) zusammen.

Dabei bestimmt nicht nur die Struktur des Fertigungssystems, sondern auch die Einbindung der Anlage in den betrieblichen Informationsfluß (siehe Abschnitt 6 1) den Aufbau der Steuerungssystemsoftware die den technischen und organisatorischen Informationsfluß des Fertigungssystems steuert und überwacht. Während früher die Realisierung des technischen Informationsflusses im Vordergrund stand wird heute verstärkt der organisatorische Informationsfluß auch über die Fertigungssystemgrenzen hinweg betrachtet

Die benötigten Funktionen zur Steuerung und Überwachung des Fertigungsprozesses (Stückprozeß /31/) werden in in sich abgeschlossenen Funktionsbausteinen (Tasks) realisiert /31 bis 39/. Als Standardbausteine /2 12 40/ sind dabei zu nennen:

- die interne Disposition
  * Auftragsdisposition

* Auftragsverteilung
- der Materialflußbaustein
  * Generieren, Erteilen, Optimieren sowie Überwachen von
    Werkstücktransportaufträgen
- der DNC-Baustein
  * Übertragen und Rückübertragen von NC-Daten
  * Kommunikation mit prozeßnahen Steuergeräten
- der BDE-Baustein
  * Erfassen, Verarbeiten, Auswerten von Systemzustands-
    meldungen,
- das Bediensystem
  * Manuelle Eingriffe in den Prozeßablauf und
- das Anzeigesystem
  * Informationsbereitstellung über Prozeßablauf und -ab-
    bild,
- die Stammdatenverwaltung
  * Verwalten der NC-Daten, Spannmitteldaten etc. die
    für die aktuelle Fertigungsperiode relevant sind

Zur Programmierung der Funktionsmodule wurden Prozeßspra-
chen (z.B. PEARL, Prozeß-FORTRAN) definiert, die jedoch
wegen fehlender Unterstützung einiger Rechnerhersteller
(Softwarelizenzen, Wartungsverträge) nur punktuell zum Einsatz kommen. Die Formulierung erfolgt daher überwiegend in
allgemeinen höheren Programmiersprachen (FORTRAN, Cobol,
Pascal, C), wobei die Echtzeitanpassung über Betriebssystem-
routinen gelöst wird. Anhand des in Bild 2.3 dargestellten
Aufbaus einer Steuerungssystemsoftware wird die starke Ver-
maschung der einzelnen Funktionsbausteine bei diesem klas-
sischen Systemaufbau besonders deutlich, wobei Werkzeugfluß-
steuerungsbausteine noch keinen Bestandteil darstellen.

Durch die hohe Zahl der Schnittstellen jedes Funktionsbau-
steins ist eine Erweiterung um zusätzliche Bausteine nahezu
unmöglich, da entsprechende Schnittstellen fehlen und etwa-
ige Seiteneffekte bei der Erstellung nicht oder nur schwer
überblickt werden können. Daher wurde im Rahmen dieser Arbeit eine Softwarestruktur (Bild 6.5) entwickelt, bei der

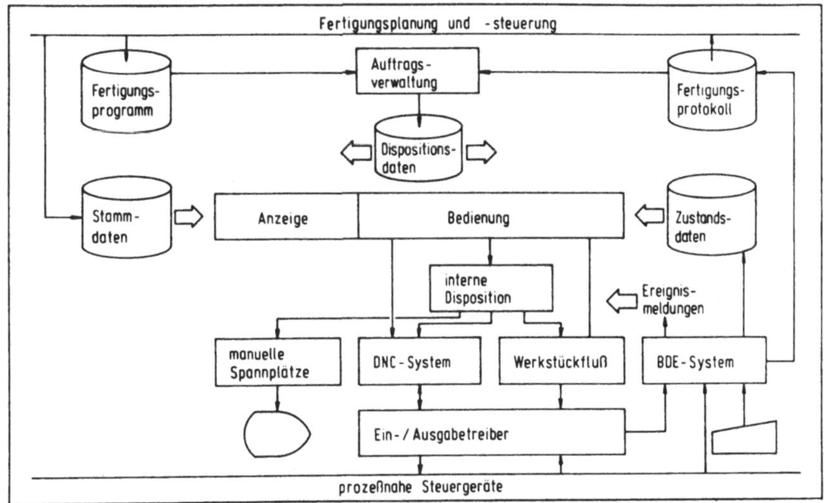

Bild 2.3:   Aufbau der Steuerungssoftware für eine flexible
             Fertigungszelle.

die betiebssystemspezifischen Anweisungen in einem Kommunikationsbaustein konzentriert sind. Alle Aufgaben der Datenverteilung und der Programmsynchronisation werden von diesem Baustein durchgeführt der zwischenzeitlich bereits zur
Realisierung neuer Steuerungssysteme eingesetzt wurde Mit
dem Einsatz einer Testumgebung /41 42/ können darüber hinaus
Funktionsbausteine einzeln sowie im Zusammenspiel mit anderen Funktionsbausteinen getestet und in Betrieb genommen
werden. Die Erweiterbarkeit des Steuerungssystems bleibt
somit erhalten.

Bei der Speicherung von Daten in Steuerungssystemen unter-
scheidet man je nach Gültigkeitsdauer zwischen:

- Stammdaten z.B. NC-Daten
  * konstant,
  * abgelegt auf Externspeicher.
- Dispositionsdaten z.B. Maschinenbelegungsplan
  * periodenbezogen.

  * abgelegt auf Extern- oder Arbeitsspeicher und
- Zustandsdaten z.B. aktueller Lagerort eines Werkzeugs
  * variabel,
  * abgelegt im Arbeitsspeicher.

In diese drei Kategorien sind die im Steuerungssystem benötigten Werkzeugdaten zu unterteilen und die zur Verwaltung der Daten eingesetzten Bausteine zu erweitern. Vor der Klassifizierung der Daten muß jedoch besonders die Häufigkeit des Zugriffs und die sich daraus ableitenden maximal möglichen Zugriffszeiten analysiert werden. Benötigen z.B. bestimmte Funktionsbausteine ständig Angaben aus den Werkzeugstammdaten, so sind diese Daten in den bzw. wie Zustandsdaten abzulegen.

2.3.2 Softwarefunktionen zur Steuerung des Werkzeugflusses

Die prozeßnahen Steuergeräte verketteter Fertigungseinrichtungen koordinieren und überwachen sämtliche Aufgaben zur Handhabung der Werkzeuge zwischen dem Werkzeugmagazin der Fertigungseinrichtung und der Spindel, verrechnen die jeweiligen Werkzeugkorrekturwerte für die Bearbeitung und verwalten die Werkzeuge im Werkzeugmagazin. Die Ein-/ Auswechslung von Werkzeugen findet bei den genannten Systemen hauptzeitparallel entweder NC-programmwechsel- oder verschleißbedingt statt. Da in der Regel kein Maschinenbediener den Zerspanprozeß überwacht müssen umfangreiche Werkzeugbruch- und Standzeitüberwachungseinrichtungen /5 7 30 43 bis 46/ eingebaut werden. Dabei sind maschinennah die Stufen:

- Erfassen der Ablaufstörung über Sensoren
- Erkennen des Störungsorts und soweit möglich der
  Ursache,
- Eingreifen in den Prozeß zur Behebung der Störung

zu realisieren. Die Behebung der Störung kann, wenn geeignete Ersatzwerkzeuge an der Bearbeitungseinrichtung vorliegen, von der CNC der Bearbeitungseinrichtung durch Sperren des Werkzeugs und die Aktivierung des Schwesterwerkzeugs behoben werden. Vom Steuerungssystem der Anlage wird ein Transportauftrag zum Tausch des Werkzeugs generiert. Ist kein geeignetes Ersatzwerkzeug verfügbar, so wird der aktive Auftrag und alle nachfolgenden Aufträge zur Bearbeitung des Werkstücktyps vom Steuerungssystem für die weitere Bearbeitung gesperrt. Eine Prüfung, ob das eingewechselte Werkzeug bereits für höherpriore Aufträge eingeplant ist findet nicht statt. Ebenfalls wird kein Montage- und Voreinstellauftrag automatisch generiert.

Die benötigten Werkzeugdaten werden über das in die Fertigungszelle integrierte DNC-System direkt in die Steuerung der Fertigungseinrichtung übertragen. Um den Zusammenhang zwischen den Identnummern der Werkzeuge und den Werkzeugadressen in den NC-Programmen herstellen zu können sind neben den Zustandsdaten auch NC-programmspezifische Daten (Einrichteblätter) bereitzustellen.

2.3.3 <u>Verwalten der Werkzeuge und der Werkzeugzustandsdaten</u>

In den derzeit realisierten Systemen stehen die Verwaltung und Verteilung der Werkzeugzustandsdaten (hauptsächlich Werkzeugkorrekturdaten) im Vordergrund. Dazu wurde meist die Datenverwaltung um Module zur Speicherung von Werkzeugzustandsdaten und NC-programmbezogenen Werkzeugdaten erweitert /47, 48/. Über das DNC-System (technischer Informationsfluß) erfolgt die Korrekturdatenübergabe an die CNC-Steuerungen der Bearbeitungseinrichtungen. Dort wird der Werkzeugeinsatz durch die in Abschnitt 2.3.2 beschriebenen Einrichtungen überwacht. Die aktuelle Werkzeugreststandzeit wird durch Subtraktion der Einsatzzeit von der verfügbaren Reststandzeit gebildet. Bei der Übergabe des Werkzeugs an einen zentralen Werkzeugspeicher erfolgt die Rückmeldung der verfügbaren Reststandzeit des Werkzeugs (falls die CNC-Steuerung der Bearbeitungseinrichtung dies erlaubt) an das Steuerungssystem. Über eine Erweiterung des Bedien- und Anzeigesystems können die Lagerorte der Werkzeuge sowie deren Zustandsdaten angezeigt und Transportbefehle veranlaßt werden, die vom Baustein Materialfluß aufbereitet werden.

In einigen Anlagen stehen Bausteine zur Ermittlung des Werkzeugbedarfs /37,38/ für eine Fertigungsperiode zur Verfügung. Dazu wird aus den Auftragsdaten und den NC-programmspezifischen Werkzeugdaten /19 34/ der Werkzeugbruttobedarf der Anlage berechnet und an die Werkzeugvoreinstellung weitergemeldet. In diese Anlagen wurde jeweils ein Werkzeugvoreinstellgerät fest integriert, so daß die Übernahme der Werkzeugzustandsdaten in das Steuerungssystem /26 49 bis 51/ on-line durchgeführt werden kann. Die Identifikation der Werkzeuge außerhalb der Anlagen erfolgt über die Identnummer, die auf Klebeetiketten meist in Barcode-Darstellung angebracht wird. In den Anlagen verwaltet das Steuerungssystem sämtliche Werkzeuglagerplätze und die darin gespeicherten Werkzeuge (variable Platzcodierung) Unter der jeweiligen Identnummer des Werkzeugs erfolgt dann der Zugriff auf die Werkzeugzustandsdaten. Werkzeugidentifikationssysteme die im Werkzeugschaft integriert werden sollen /47 48/ befinden sich zur Zeit noch in der Testphase.

Zur Verwaltung einer begrenzten Anzahl von Werkzeugstammdaten von Komplettwerkzeugen wurden nach Vorbild der EXAPT-Werkzeugdatei (Bild 2 4) Werkzeugverwaltungssysteme im Voreinstellgeräterechner /54/ oder im DNC-Rechner /55 56/ realisiert. Der Funktionsumfang der Systeme ist auf die Anforderungen der Werkzeugmontage und -voreinstellung (Einrichteblätter, Maschinendateien) zugeschnitten und bietet zur Unterstützung der Werkzeugmontage Hilfsgrafiken /56 bis 59/ an.

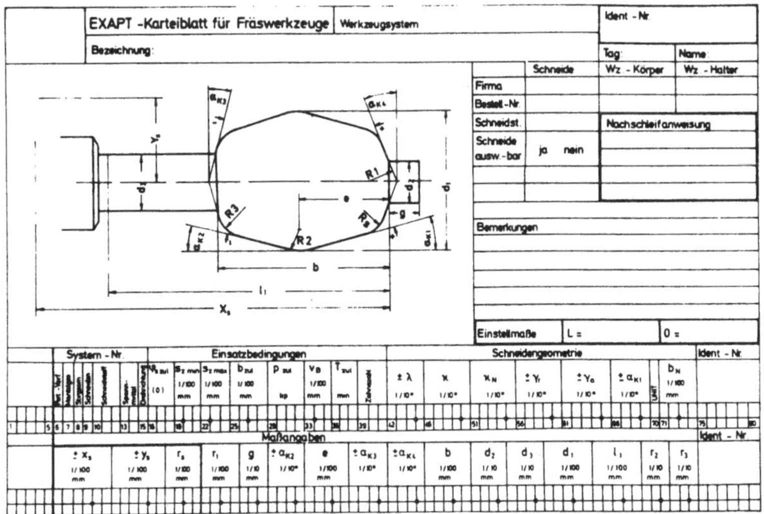

Bild 2.4:   Werkzeugdatenblatt im EXAPT-Dateiformat für ein
             Fräswerkzeug /60/.

2.4 <u>Bewertung des Ist-Zustands</u>

Auf Grund der hohen Werkzeugkosten und Anlagestundensätze
verketteter Fertigungssysteme sowie der Forderung z.B wegen der Palettenkosten einen Teilemix auf den Fertigungseinrichtungen zu bearbeiten ist der Werkzeugfluß ähnlich
dem Werkstückfluß zu automatisieren. In den derzeit realisierten Systemen sind jedoch nur die Probleme der Werkstück-
verwaltung und des Materialtransports umfassend gelöst.
Bausteine zur Unterstützung des organisatorischen Informationsflusses und zur Verwaltung relevanter Werkzeugstamm-
und umfassender Werkzeugzustandsdaten wurden bislang nicht
oder nur bruchstückhaft realisiert.

Um den hohen Anteil werkzeugbedingter Stillstandszeiten zu
vermindern (siehe Kap. 1), die zum großen Teil aus nicht
rechtzeitig verfügbaren falsch eingestellten Werkzeugen
oder fehlerhaften Korrekturdaten resultieren ist jedoch das

Anlagenumfeld und hier besonders die Werkzeugmontage und -voreinstellung informationsflußmäßig an die Steuerungssysteme anzubinden. Nur durch eine umfangreiche und schnelle Werkzeugdatenbereitstellung (z.B. Stückliste, Montageanleitung und Voreinstellwerte) können im Fehlerfall Ersatzwerkzeuge in einer angemessenen Zeit bereitgestellt werden.

Durch die in den flexiblen Fertigungssystemen und -zellen angestrebte Mixfertigung unterschiedlicher Werkstücktypen steigt jedoch die Zahl der Werkzeuge und unterschiedlicher Werkzeugarten in den Systemen überproportional an. Zudem erlauben es die in die Anlagen fest eingebundenen Werkzeugverwaltungssysteme nicht, Werkzeugdaten, die in anderen Betriebsbereichen benötigt werden, weiterzugeben. Gerade dies ist jedoch eine Grundvoraussetzung für die Reduzierung der Werkzeugartvielfalt.

In den untersuchten Betrieben existieren mehrere Werkzeugkataloge wie z.B:

- Betriebsmittelkatalog in der Konstruktion der Arbeitsvorbereitung und dem Bestellwesen
- NC-programmiersystemspezifische Werkzeugkataloge wie z.B. EXAPT, und
- vereinzelt arbeitsplatz-, zellen- oder systemgebundene Werkzeugverwaltungssysteme mit Komplettwerkzeugbeschreibungen zur Montage und Voreinstellung von Werkzeugen

mit unterschiedlichem Datenumfang und Dateninhalten Da diese Kataloge nicht ständig aktualisiert werden können kommt es heute zwangsläufig zu Fehlplanungen beim Werkzeugeinsatz, die erst beim Einfahren der NC-Programme erkannt und in der Hauptzeit behoben werden müssen. Meist erweisen sich die eingesetzten Kataloge als zu starr und zu kostenintensiv, um ständig an neue Werkzeugentwicklungen angepaßt werden zu können und wirken sich durch die langen Verteilzeiten zudem als innovationshemmend aus.

Forderungen, wie die schnelle Werkzeugdatenbereitstellung
z.B. zur Unterstützung beim fertigungs- und montagegerech-
ten Konstruieren wenn auf eine Reduzierung der Werkzeugar-
ten- und Werkzeugteilevielfalt Rücksicht genommen werden
soll, oder zur Unterstützung der Arbeitsplanung durch eine
rechnerunterstützte Suche der für eine Bearbeitung geeigne-
ten Werkzeuge, lassen sich ebenfalls mit den heute zur Verfügung stehenden Unterlagen nicht erfüllen.

3 Integrierte Werkzeugorganisation

Wie in Abschnitt 2.4 ausgeführt, resultieren die werkzeugbezogenen Probleme in flexiblen Fertigungszellen und -sy-
stemen aus:

- der nur bruchstückhaft gelösten Integration des werkzeugbezogenen organisatorischen Informationsflusses in
  den Steuerungssystemen der Anlagen
- dem hohen Werkzeugbedarf, bedingt durch die wirtschaftlich notwendigen kurzen Standzeiten der Werkzeuge sowie
  die gestiegenen Maschinenleistungen,
- der Typvielfalt der eingesetzten Werkzeuge und
- den werkzeugbezogenen Unterlagen mit denen die Datenkonsistenz zwischen und innerhalb der Betriebsbereiche
  (Bild 1.3) nicht gesichert werden kann.

Zur Lösung der Probleme bieten sich Verbesserungen an im
organisatorischen Bereich durch:

- die Schaffung einer einheitlichen Werkzeugdatenbasis zur
  Vermeidung inkonsistenter Werkzeugdaten und
- die Integration zusätzlicher oder die Erweiterung bestehender, Funktionsbausteine der Steuerungssysteme um
  Funktionen zur Steuerung und Überwachung des werkzeugbezogenen Informationsflusses in und für flexible Fertigungszellen und -systeme

sowie im technischen Bereich durch die Verringerung der
Datenbereitstellungszeit und einer Automatisierung des Da-
tenaustausches in und zwischen den Betriebsbereichen zur
Erhöhung der Transparenz des Werkzeugwesens an.

Die Transparenz und Übersichtlichkeit der Werkzeugdaten in
den Betriebsbereichen kann nur durch die Abschaffung der be-
reichsspezifischen Datenträger wie z.B. Werkzeugpläne, Werk-
zeugdateien und die Schaffung einer Werkzeugdatenbasis, die
von allen Funktionsbereichen des Werkzeugwesens genutzt
werden kann (Bild 3.1), erreicht werden. Die Verwendung ein-

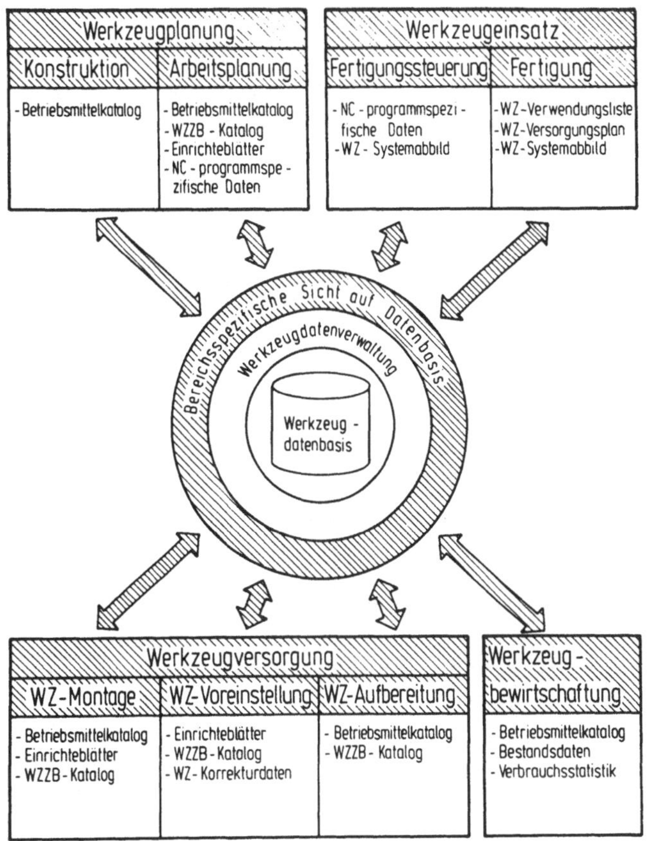

Bild 3.1:   Konzept der integrierten Werkzeugdatenbasis.

heitlicher Stammdaten zum Planen des Produktionsgeschehens
in der Konstruktion, der Qualitätssicherung, der Arbeitsplanung und der technischen Steuerung und Überwachung der
Produktion ist Grundvoraussetzung für die Realisierung des
CIM-Gedankens. Da die angestrebte Werkzeugdatenspeicherung
und -bereitstellung diese Anforderungen erfüllen soll, wird
nachfolgend von einer in den betrieblichen Informationsfluß
"integrierten" Werkzeugorganisation aufbauend auf der "integrierten" Werkzeugdatenbasis gesprochen.

Das Hauptaugenmerk ist bei der Strukturierung der integrierten Werkzeugdatenbasis auf die Sicherstellung der Datenkonsistenz, der Aktualität der Daten sowie den zeitlichen Anforderungen an den Datenzugriff zu legen. Um einen breiten Einsatz der Datenbasis zu gewährleisten sind Möglichkeiten zur Erweiterung der Datenstruktur und u.U. zur Verteilung der Daten auf unterschiedlichen Rechnern sowie die zeitlichen Anforderungen flexibler Fertigungszellen und -systeme bei der Auswahl des Datenmodells und der Strukturierung der Daten zu beachten.

Über eine Analyse der zur Steuerung des Werkzeugflusses, der Werkzeugvorbereitung, des Werkzeugeinsatzes in verketteten Fertigungszellen und -systemen sowie der in den übrigen Funktionsbereichen benötigten Werkzeugdaten wird eine für das Werkzeugwesen gemeinsame Datenbasis definierbar.

Aufbauend auf diesen Daten können Schnittstellen zwischen den Steuerungssystemen und dem Zellen- bzw. dem Systemumfeld und zwischen den einzelnen Funktionsbereichen definiert sowie Anforderungen an den Aufbau und die Funktionalität der Steuerungsbausteine formuliert werden

4 Gesamtbetriebliche Betrachtung der Werkzeugdaten

Für den Aufbau und die Struktur der integrierten Werkzeugdatenbasis ist es notwendig die in den Funktionsbereichen
erstellten und verarbeiteten Werkzeugdaten zu erfassen und
den Informationsfluß aufzuzeigen. Da das Ziel dieser Arbeit
die Sicherstellung der Werkzeugversorgung und die Verbesserung des Zugriffs auf die Werkzeugdaten für Fertigungszellen und -systeme ist, werden deren Anforderungen und
Schnittstellen zu anderen Betriebsbereichen (Bild 1.3) bevorzugt betrachtet. Die im folgenden Kapitel dargestellten
Informationsflüsse und Ablauffolgen in den einzelnen Funktionsbereichen sowie die aufgeführten Werkzeugdaten resultieren aus Untersuchungen in unterschiedlichen Betrieben
/22/. Zur Grobklassifikation ist die zeitliche Varianz der
Daten (siehe Abschnitt 2.1) in den nachfolgenden Bildern
mit unterschiedlichen Strichmustern dargestellt.

Die Werkzeugdaten werden zur Verdeutlichung der benötigten
Informationen in aufgabenspezifischen Dateien gegliedert.
In diesen Dateien sind daher redundante Informationen wie
z.B. die Ist-Maße oder die Werkzeugartnummer aufgeführt. Aus
demselben Grund sind Bereiche mit gleichen Aufgaben z.B.
Zentral- und Bereitstellager zusammengefaßt, die je nach
Organisationsform zentral oder dezentral angeordnet sind.
Auf die Datenstruktur wird hierbei nicht eingegangen da
diese erst nach Festlegung des Datenmodells unter Berücksichtigung des aufgabenspezifischen Werkzeugdatenbedarfs
und der Zeitanforderungen an die Werkzeugdatenbereitstellung festgelegt werden kann.

Zur Unterscheidung der Werkzeugdaten (Bild 4.1) wird zwischen Werkzeugteilen (WZT), wie z.B. Wendeschneidplatte und
Spannschraube, Werkzeugbaugruppen wie z.B. komplette Stell-
hülsen und Schneidkörper, Werkzeugzusammenbauten (WZZ) und
Komplettwerkzeugen (KW) unterschieden.

Werkzeugzusammenbauten und Komplettwerkzeuge beschreiben ein spezifisch aufgebautes Werkzeug mit genau definierten Merkmalen (z.B. Soll-Einstellänge, zulässige Schnittiefe) Da in der Komplettwerkzeugbeschreibung die gesamten Stammdaten eines Werkzeugs aufgeführt sind. wird der Stammdatensatz nachfolgend als Werkzeugartbeschreibung (WZZB) bezeichnet. Die Unterteilung in Werkzeugzusammenbau und Komplettwerkzeug sowie die Beschreibung von Werkzeugeinzelteilen oder kurz Werkzeugteilen, wird bedingt durch den großen Aufwand nur in großen Firmen durchgeführt. Kleinere Betriebe definieren meist nur die zur Bearbeitung ihres Teilespektrums benötigten Komplettwerkzeuge.

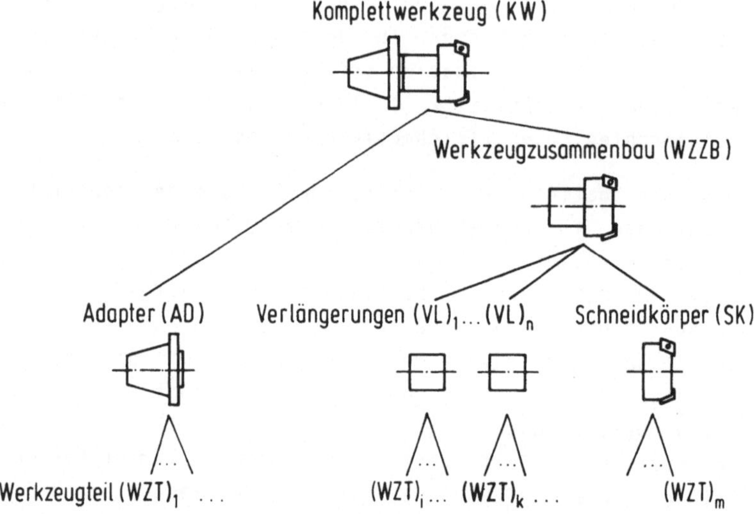

Bild 4.1:   Aufbau von Komplettwerkzeugen am Beispiel eines Fräskopfes mit Wendeschneidplatten /61/.

Auf Grund des hohen Codier- und Verwaltungsaufwands werden üblicherweise nur Komplettwerkzeuge so codiert daß sie einzeln identifizierbar sind. Jedes Exemplar erhält hierzu eine Identnummer (WZID). Diese Identnummer besteht in der Regel aus 4 bis 12 Ziffern ohne klassifizierende Stellen. Durch einen Verweis wird die Verbindung zu der Werkzeugartnummer hergestellt, über die der Zugriff auf die Werkzeugstammdaten möglich ist.

In der Werkzeugzusammenbaubeschreibung sind die Werkzeugteile des Schneidkörpers und der Verlängerungen in Form der Stückliste und die relevanten Einstellmaße sowie die geometrischen und technologischen Daten des Werkzeugs aufgeführt. Die in der Werkzeugzusammenbaubeschreibung aufgelisteten Werkzeugdaten repräsentieren die Werkzeugstammdaten. Ihre Identifikation erfolgt über die Werkzeugartnummer (WZZB). Bei der Montage von Werkzeugteilen zu einem Komplettwerkzeug werden werkzeugbezogene Informationen (Werkzeugzustandsdaten) erzeugt, die unter der Werkzeugidentnummer abgelegt werden.

4.1 Funktionsbereich Werkzeugeinsatz

Mit der Übernahme des eingestellten Werkzeugs in die Maschinenspindel oder in eine Komponente des automatischen Werkzeugflusses, - dies kann z.B. das Maschinenmagazin oder ein anderer Werkzeugspeicher sein -, wird der Funktionsbereich Werkzeugeinsatz erreicht. Je nach der Struktur des systeminternen Werkzeugflusses müssen die Werkzeugtausch- und -wechselvorgänge organisiert und der systeminterne Werkzeugfluß disponiert und ausgeführt werden. Zusätzlich ist der Einsatz der Werkzeuge zu überwachen und durch eine rechtzeitige und fehlerfreie Datenbereitstellung zu sichern.

Während die Überwachung des Zerspanprozesses in der Regel (siehe Abschnitt 2.3.2) zu den Aufgaben der prozeßnahen Steuergeräte der Fertigungseinrichtungen zählt sind die letztgenannten Aufgaben bei flexiblen Fertigungszellen und -systemen vom Steuerungssystem auszuführen und zu überwachen. Betrachtet man diese Aufgaben (Tabelle 4.1) näher so lassen sie sich dem technischen und organisatorischen Informationsfluß zuordnen. Differenziert man zudem die Aufgaben über der Zeit, so wird deutlich, daß der reibungsfreie Ab-

lauf des Zerspanprozesses (Abarbeitungsphase) nur durch
eine detaillierte Vorausplanung in Tabelle 4 1 unterteilt
in die Initialisierungs- und Vorbereitungsphase, sowie im
Zusammenspiel mit der Werkzeugplanung und -versorgung möglich ist. Die in den einzelnen Phasen relevanten Werkzeugdaten werden nachfolgend analysiert.

4.1.1 Informationsfluß und Werkzeugdaten in der Abarbei-
       tungsphase

Voraussetzung für den Werkzeugeinsatz ist die Verfügbarkeit
der Werkzeugkorrekturmaße wie z.B: Werkzeuglänge, Werkzeugdurchmesser, die aktuelle Position des Werkzeugs im Maschinenmagazin sowie die Werkzeugadresse (T-Nummer /23/) unter
der das Werkzeug im NC-Programm aufgerufen wird. Diese Angaben sind in unterschiedlichen Datensätzen abgelegt. Daher
werden Verweise (Bild 4.2) benötigt zwischen:

- Werkzeugartnummer
  * betriebsweit eindeutig
  * Definition der Werkzeugstammdaten
- Identnummer
  * systemweit eindeutig
  * Definition der Werkzeugzustandsdaten und
- Werkzeugadresse
  * eindeutig im NC-Programm,
  * Definition des Werkzeugeinsatzes.

Die Bereitstellung und Übergabe dieser Daten in die Steuerung der Fertigungseinrichtung erfolgt parallel zur Einwechslung der Werkzeuge in das Maschinenmagazin und wird vom
technischen Informationsfluß durchgeführt. Dabei ist der
Aufbau des Werkzeugflußsystems (siehe Abschnitt 2 2) zu beachten.

a) Bei Anlagen ohne internes Werkzeugflußsystem sind die
Werkzeuge manuell meist in der Rüstphase des Systems in das
Werkzeugmagazin einzuwechseln. Der Werker benötigt daher In-

Für Fertigungsperiode B		
Initialisierungsphase	Vorbereitungsphase	Abarbeitungsphase
Organisa- torischer Informa- tions- fluß		

– Werkzeugdisposition
  * Ermittlung aller
    benötigten Werkzeuge
  * Ermittlung der
    vorzubereitenden
    Werkzeuge
– Erstellen der Dateien zur
  Steuerung des Werkzeugein-
  satzes und des Werkzeug-
  flusses
	– Prüfen ob die
	  benötigten Werkzeuge
	  verfügbar sind
		– Verwalten aller im
		  Fertigungssystem verfüg-
		  barer Werkzeuge und ihrer
		  Zustandsdaten
		– Organisation und Veran-
		  lassung von Werkzeugtrans-
		  porten
		– Überwachung des verfüg-
		  baren Standzeitpotentials
		– Veranlassung von Eilbereit-
		  stellungsaufträgen

Tech- nischer Informa- tions- fluß		

– Übernahme von NC-programm-
  spezifischen Werkzeug-
  daten
– Übergabe der Werkzeug-
  einstelliste(n)
	– Übernahme von Werk-
	  zeugen und Werkzeug-
	  zustandsdaten an der
	  Systemgrenze
		– Übertragen (schritthaltend
		  mit dem Materialfluß)von
		  Werkzeugzustandsdaten an
		  die Fertigungseinrichtungen
		– Übernehmen von aktuellen
		  Werzeugzustandsdaten von
		  Fertigungseinrichtungen
		– Übergabe von Transportauf-
		  trägen an den internen
		  Werkzeugfluß

Fertigungsperiode A		Fertigungsperiode B

Tabelle 4.1:   Gliederung der werkzeugbezogenen Aufgaben in Steuerungssystemen.

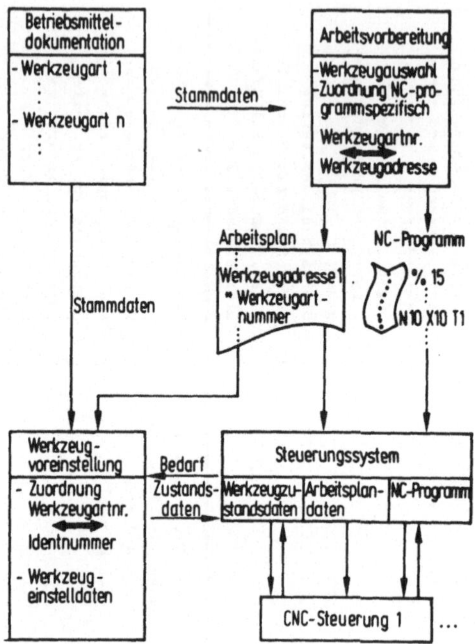

Bild 4.2   Zusammenhang zwischen Werkzeugart- Identnummer
            und der Werkzeugadresse.

formationen über die Art und Anzahl sowie die Wechselzeit-
punkte der Werkzeuge. Diese Daten sind in einem Wechselplan
nachfolgend als Versorgungsplan bezeichnet abgelegt. Bei
der Einwechslung wird jeweils die Zuordnung zwischen dem Ma-
gazinplatz und der Werkzeugidentnummer oder der Werkzeugadresse im rechnergeführten Dialog der Maschinensteuerung
bekanntgegeben. Darüber hinaus sind weitere Werkzeugdaten
wie z.B:

- Werkzeugkorrekturwerte und -schalternummern
- Werkzeugadresse (T-Nummer im NC-Programm),
- Werkzeugkenndaten wie Gewicht und Höhe,
- Magazinplatz- und Magazinkennung bei Maschinen mit
  mehreren Werkzeugmagazinen

- Magazinplatzbedarf bei Werkzeugen die durch ihre Größe
  mehrere Magazinplätze belegen

an die Steuerung der Fertigungseinrichtung zu übertragen

b) Bei Anlagen mit einem Werkzeugflußsystem erfolgt der
Werkzeugaustausch automatisch. Über das interne Werkzeug-
transportsystem werden die Werkzeuge von einem Ein-/ Aus-
lagerungsplatz abgeholt und je nach Steuerungsstrategie in
einem beliebigen oder dem Speicherplatz eingelagert der
derjenigen Fertigungseinrichtung am nächsten liegt, auf der
das Werkzeug zum Einsatz kommt. Im Steuerungssystem werden
mit der Übernahme des Werkzeugs auch die zur Einsatzsteue-
rung benötigten Werkzeugzustandsdaten übernommen und im
WZID-Abbild abgelegt. Die Einwechslung des Werkzeugs in das
Maschinenmagazin oder den Werkzeugwechsler der Fertigungseinrichtung wird vom Steuerungssystem (Funktionsbaustein
interne Disposition)(Bild 4 3) veranlaßt.

Zur Disposition der Werkzeugtransporte werden folgende Daten benötigt:

  - die zur Bearbeitung eines Werkstücks benötigten Werk-
    zeugarten und deren Standzeitbedarf
  - die einzusetzenden Werkzeuge und deren Korrekturdaten
    sowie
  - die aktuellen Lagerorte und Reststandzeiten der im Sy-
    stem verfügbaren Werkzeuge.

Die NC-programm- und werkstückspezifischen Werkzeugeinsatz-
daten sowie die zur Bearbeitung des Werkstücks geplanten
Werkzeuge sind vom organisatorischen Informationsfluß in
Form einer Werkzeugverwendungsliste auszugeben. Die Werkzeugkorrekturdaten müssen durch Subtraktion der Ist-Maße
von den bei der NC-Programmierung definierten Soll-Maßen
(Werkzeugverwendungsliste) errechnet werden. Wird bei der
NC-Programmierung mit der Werkzeuglänge und dem -durchmes-
ser Null programmiert entsprechen die Ist-Maße den Korrek-

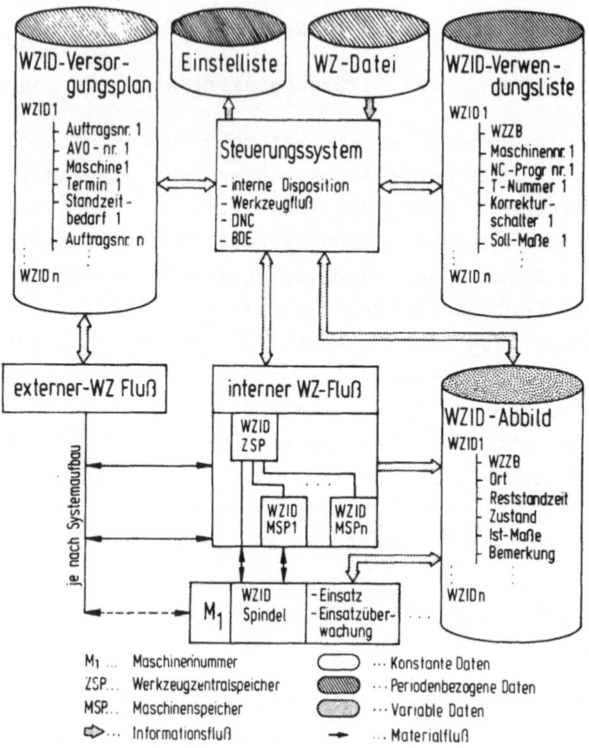

Bild 4.3: Werkzeugeinsatz und interner Werkzeugfluß.

turdaten. Somit kann eine NC-programmspezifische Speicherung von Soll-Maßen entfallen. Die übrigen Daten können den
Werkzeugzustandsdaten (Tabelle 4.2) entnommen werden. Zur
Erkennung verschlissener Werkzeuge ist die jeweilige Reststandzeit des Werkzeugs nach jeder Bearbeitung an das Steuerungssystem zurückzumelden so daß Transporte aus dem Maschinenmagazin sowohl von verschlissenen als auch auf Grund
des Werkstückmixes nicht mehr benötigter Werkzeuge veranlaßt werden können.

In den Untersuchungen zeigte es sich, daß vor allem bei
hochgenauer Bearbeitung und zur Einsatzüberwachung eine

Bezeich-nung	Datentyp	Stammdatum		Erklärung
		Ja	Nein	
WZID	A (N)		*	Werkzeugidentnummer
WZZB	A (N)	*		Werkzeugartnummer
ORT	A		*	Aktueller Ort im - Fertigungssystem/ Voreinstellung - Maschinen-/ Regalnummer - Paletten-/ Magazinnummer
MONDA	A		*	Montagedatum
ZUST	A		*	Zustandswort/ Planungskennung z.B: - montiert - disponibel
BEM	A		*	Bemerkungen
EFKEN	N	*		Einfahrkennung
WZPL	N	*		Platzbedarf im Magazin/ Palette
GEW	N	*		Gewicht
HEW	N	*		Höhe
VWRST	N	*		Vorwarnreststandzeit
Je Schneide				
RSTZT	N		*	Aktuelle Reststandzeit
GEO1	N		*	Geometriewert 1
AVER1	N		*	Aktueller Verschleiß der Schneide
GEO2	N		*	Geometriewert 2
AVER2	N		*	Aktueller Verschleiß der Schneide
GEO3	N		*	Geometriewert 3
AVER3	N		*	Aktueller Verschleiß der Schneide
MAXS	N	*		Maximale Schnittgeschwindigkeit
MAXV	N	*		Maximale Vorschubskraft
MAXD	N	*		Maximales Drehmoment
DH1	N	*		Durchmesser des 1. Hüllzylinders

A... Alfanumerisch   N ... Numerisch

Tabelle 4.2: Ausschnitt aus den ermittelten Werkzeugzu-
stands- und werkzeugartspezifischen Einsatzdaten.

Reihe zusätzlicher Angaben bereitzustellen sind:

- Standzeitfaktoren
- Einfahrkennungen
- maximal zulässige Vorschubkräfte und Drehmomente sowie
- Geometriedaten für on-line Kollisionsbetrachtungen und
  zur grafischen Simulation des Bearbeitungsablaufs.

Durch die Angabe von Standzeitfaktoren soll gesichert werden, daß der tatsächliche Standzeitbedarf einer Bearbeitung und nicht nur ein über die Bearbeitungszeit gebildeter Wert zur Ermittlung der Reststandzeit herangezogen wird. Verschleißt ein Werkzeug vorzeitig oder tritt Werkzeugbruch auf, kann über die Werkzeugzustandsdaten sowie den Werkzeugversorgungsplan und die -verwendungsliste ein Werkzeug mit gleichem Aufbau gesucht werden.

4.1.2 Informationsfluß und Werkzeugdaten in der Initialisierungs- und Vorbereitungsphase

Hauptaufgabe in der Initialisierungsphase ist es für eine Fertigungsperiode festzulegen zu welchem Zeitpunkt ein Werkzeug mit genau definiertem Aufbau und einer verfügbaren Reststandzeit an einem Ort im System zur Verfügung stehen muß. Um diese Daten ermitteln zu können sind umfangreiche Angaben:

- über das Fertigungsprogramm
  * Auftragsdaten
  * Losgrößen,
- zur Bearbeitung (NC-Programm)
  * Bearbeitungszeit,
  * eingesetzte Werkzeugarten
  * Werkzeugadressen,
  * werkzeugartbezogener Standzeitbedarf und Standzeitfaktor,
  * Korrekturschalternummern (optional),
  * Bruchrisikofaktoren (optional) und

* Einfahrkennungen (z.B. nach jedem 5 Werkstück Werkzeug neu vermessen)

notwendig. Die Angaben zum Fertigungsprogramm sind vom Be-
triebsbereich Produktionsplanung und -steuerung (PPS) /52/
(Bild 1.2), die NC-programmspezifischen Angaben von der
Arbeitsvorbereitung zu ermitteln. Mit Hilfe eines temporär
erstellten Werkzeugbelegungsplans, der die Anzahl der benötigten Werkzeugarten angibt, kann nach Abgleich mit den am
Ende der vorausgegangenen Fertigungsperiode noch verfügbaren
Werkzeugen der Werkzeugbruttobedarf ermittelt werden. Diese
Werkzeugartbedarfsliste, nachfolgend Einstelliste genannt
stellt die Schnittstelle zum Funktionsbereich Werkzeugversorgung dar. Weiter sind aus diesen Daten der Werkzeugversorgungsplan zur Steuerung des externen Werkzeugflusses und
die Werkzeugverwendungsliste zur Berechnung der einsatzspe-
zifischen Daten zu erstellen. Aufbauend auf Angaben des
Werkzeugversorgungsplans kann die Werkzeug- und Werkzeugda-
tenübergabe vom Funktionsbereich Werkzeugversorgung überwacht und gesteuert werden sowie die Auftragsfreigabe erfolgen.

4.2 Funktionsbereich Werkzeugversorgung

Die Werkzeugversorgung sichert die termingerechte Bereitstellung einsatzfertiger Werkzeuge zur Übernahme durch die
Fertigung. Die Werkzeuge müssen dazu vorbereitet d.h. montiert eingestellt und gegebenenfalls codiert werden. Wegen
der Wiederverwendbarkeit der meisten Werkzeugteile stellt
der Werkzeugfluß eine Kreisstruktur (Bild 4.4) dar. Daher
zählen auch die Nachbearbeitung wie demontieren reinigen
instandsetzen und nachschleifen schneidender Werkzeugteile
und die Disposition und Überwachung des Werkzeugflusses zu
den Aufgaben der Werkzeugversorgung. Eine enge Anbindung an
den Funktionsbereich Werkzeugeinsatz ist daher unumgänglich.

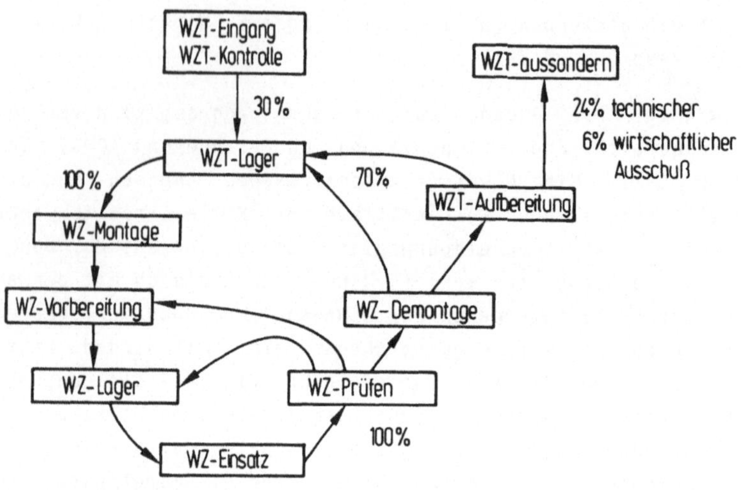

Bild 4.4:   Vereinfachte Darstellung des Werkzeugflusses und des
              Werkzeugverbrauchs nach /20/

4.2.1 Informationsfluß und Werkzeugdaten zur Werkzeugmontage und -voreinstellung

Wie in Abschnitt 4.1.2 erläutert wird vom Steuerungssystem
eine Werkzeugeinstelliste erzeugt in der:

- die Werkzeugartnummern
- die Anzahl gleicher Werkzeuge
- der Bereitstellungstermin und
- die Montageauftragsnummern

enthalten sind. Je nach dem Aufbau des internen Werkzeugflußsystems (siehe Abschnitt 2.2) sind jedoch zusätzliche
Angaben zur Werkzeugkommissionierung sowie zur Werkzeugdatenbereitstellung notwendig:

- Maschinennummer (Steuerungstyp) oder Zellennummer
- Magazinnummer,

- NC-Programmnummer für die das Werkzeug eingestellt
  wird.
- optional eine Einstellpriorität.

Zur Montage und Voreinstellung des Werkzeugs werden aus den
Werkzeugstammdaten (WZ-/ WZT- Datei) die Stückliste, Werkzeugteilenummern Montagereihenfolge sowie Montage-, Ein-
stell- und Prüfanweisungen benötigt. Wichtigstes Hilfsmittel
für die Montage stellt dabei die Stückliste dar, auf die
über die Werkzeugartnummer (WZZB) zugegriffen wird (Bild
4.5). Je nach Aufbau der Werkzeugteilelagerorganisation enthält die Stückliste neben den Einzelteil- und Baugruppennum-
mern auch deren Lagerplätze.

Nach der Montage wird das Werkzeug mit einer eindeutigen
Identnummer gekennzeichnet. Unter dieser Identnummer erfolgt
auch die Speicherung der Werkzeugzustandsdaten. Zur Voreinstellung benötigt der Werker folgende Angaben:

- je Schneide
  * Vorzugseinstellänge,
  * Einstelltoleranz (+/ -).
  * Vorzugseinstelldurchmesser
  * Einstelltoleranz des Durchmessers (+/ -)
  * 3. Vorzugseinstellmaß (z.B für Winkelkopffräser)
  * Einstelltoleranz (+/ -) des 3 Einstellmaßes
- Kontrollmaße,
- Werkzeugtyp zur Verrechnung der Korrekturmaße in der
  Steuerung (bei Werkzeugen mit drei Korrekturmaßen not-
  wendig).

Beim Einstellen ermittelt der Werker die Werkzeugist-Maße
die zur Fehlervermeidung on-line in die Werkzeugzustandsdaten einzutragen sind.

Als Grundlage für die Werkzeugbewirtschaftung ist bei der
Entnahme bzw. der Einlagerung eines Werkzeugteils der La-
gerbestand entsprechend zu aktualisieren. Um den Bestand
und den Lagerplatz montierter Werkzeuge verfolgen zu kön-

nen. muß ein Werkzeuggabbild geführt werden das über den
Zustand, den Lagerort sowie die Verfügbarkeit Auskunft
gibt. Zusätzlich soll über diese Daten auch ein Ersatzwerkzeug ermittelbar sein. Daher sind Angaben zum Aufbau des
Werkzeugs (WZZB-Nummer), dem aktuellen Lagerort über den
aktuellen Zustand (montiert. voreingestellt disponibel/
disponiert) sowie die Ist-Maße in einer Datei abzulegen.
Diese Daten entsprechen den für die Fertigungszellen und
-systeme benötigten Werkzeugzustandsdaten (WZID-Abbild)

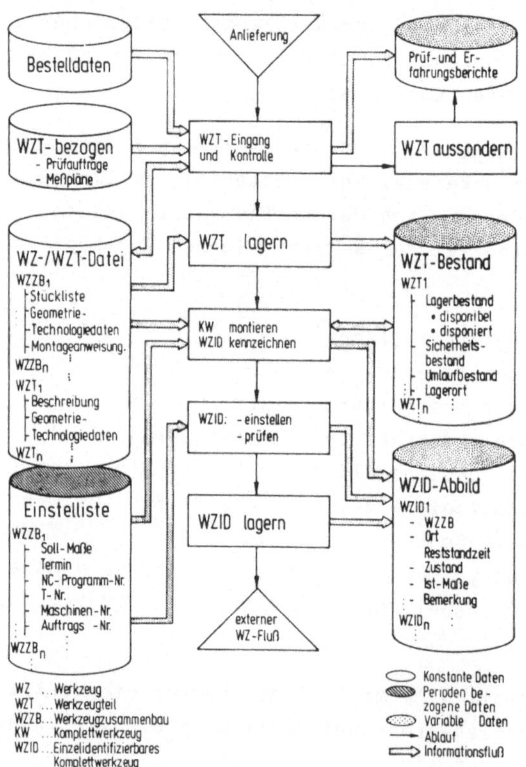

Bild 4.5: Werkzeugteileeingang und Vorbereitung von
Werkzeugen.

4.2.2 Informationsfluß und Werkzeugdaten zur Werkzeugaufbereitung

Nach dem Werkzeugeinsatz wird das Werkzeug über den externen Werkzeugfluß zur Werkzeugaufbereitung gebracht Der Werkzeugdatenbedarf zur Werkzeugdemontage (Bild 4 6) ist abhängig von der betrieblichen Organisationsform. Dabei ist zum einen eine prinzipielle Demontage der Werkzeuge und zum anderen ein nach der Werkzeugart differenziertes Vorgehen anzutreffen. Beim werkzeugartspezifischen Vorgehen werden Sonderwerkzeuge grundsätzlich demontiert und schneidende Werkzeugteile aufbereitet. Die Demontage von Standardwerkzeugen erfolgt nur dann. wenn die Demontagereststandzeit unterschritten wird oder ein technischer Ausschuß vorliegt.

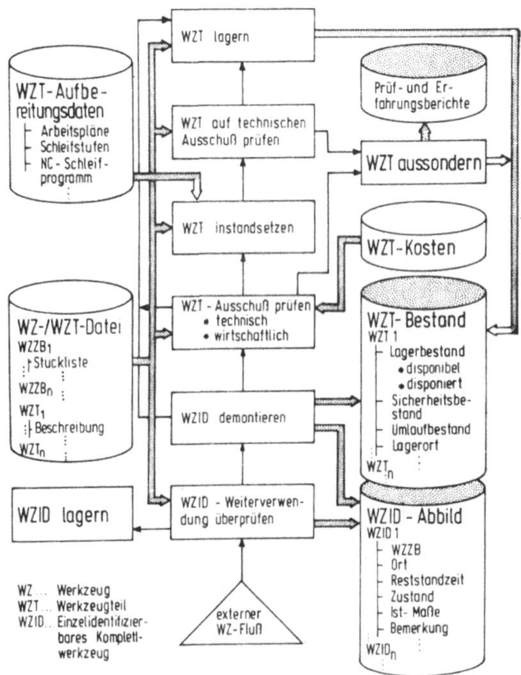

Bild 4.6: Aufbereitung von Werkzeugen.

Zur Entscheidungsfindung ob ein Werkzeug demontiert ein
Werkzeugteil gelagert, aufbereitet oder ausgesondert werden
muß, sind folgende werkzeugart- bzw. werkzeugteilespezifischen Daten notwendig:

- Werkzeugartbezeichnung,
- aktuelle Reststandzeit
- Demontagereststandzeit,
- maximale Verschleißmarkenbreite/ minimales Spankammer-
  volumen,
- Aufbereitungs-,
- Lagerkosten sowie
- Restwert des Werkzeugteils.

Diese Daten stellen mit Ausnahme der aktuellen Reststandzeit
(Werkzeugzustandsdaten) und dem Restwert Stammdaten des
Werkzeugzusammenbaus oder des Werkzeugteils dar und können
über die Werkzeugartnummer bereitgestellt werden.

Die benötigten Werkzeugdaten zur Werkzeugaufbereitung sind
abhängig von den zur Aufbereitung eingesetzten Fertigungseinrichtungen. Neben den werkzeugteilespezifischen Arbeits-
plänen und den Schleifstufen sind bei NC-Schleifmaschinen
detaillierte Angaben zur Werkzeugteilegeometrie notwendig
wie z.B. bei Bohr-oder Fräswerkzeugen der Drallwinkel Span-
winkel und Kerndurchmesser die weit über die zur Werkzeugvorbereitung oder zur Werkzeugeinsatzplanung benötigten Daten hinausgehen. Untersuchungen /67/ ergaben daß zusätzlich
Herstellungsdaten wie z.B:

- Schleifscheibenform
- Anstellung der Schleifscheibe,
- außermittige Lage der Schleifscheibe,
- Vorhaltewinkel etc

abzuspeichern sind, da diese aus der Werkzeugteilegeometrie
nicht direkt abgeleitet werden können. In Bild 4.7 sind die
benötigten Geometriedaten zur Definition der Wendel eines
kegeligen Fräsers aufgeführt.

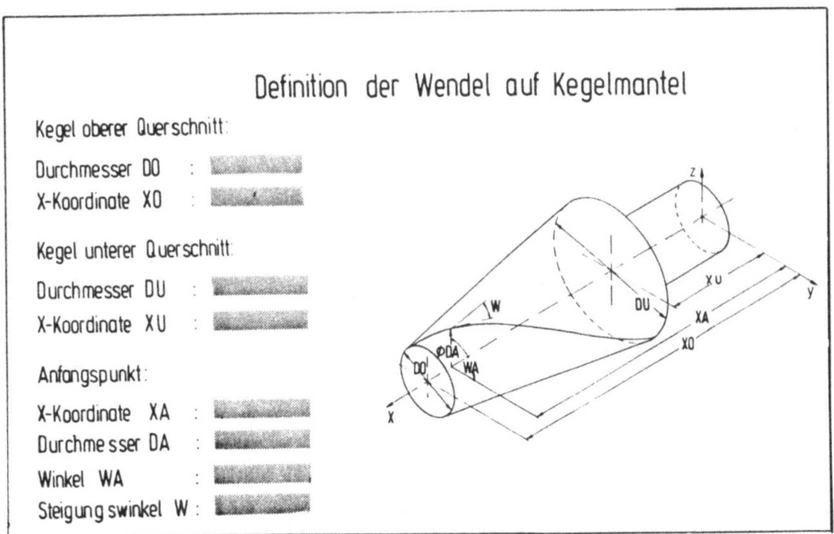

Bild 4.7: Geometriedefinition einer Wendel auf dem Kegel-
mantel eines Fräsers nach /68/

4.3 Informationsfluß und Ablauffolge in der Werkzeugplanung

Die Aufgabe der Werkzeugplanung ist die losgrößenunabhängige
Planung des Werkzeugeinsatzes, bei der alle Werkzeugteile
für die Fertigung eines bestimmten Werkstückes auf einer Maschine oder Maschinengruppe festgelegt werden.

Die Aufgaben der Werkzeugeinsatzplanung sind daher eng ver-
bunden mit denen der Arbeitsplanung. Bei der Arbeitsplanung
werden ausgehend von der Fertigungszeichnung die Arbeits-
und Teilarbeitsvorgänge (Bild 4.8) bestimmt sowie die Ma-
schinen-/ Maschinengruppenauswahl vorgenommen. Nach der Ermittlung geeigneter Vorrichtungen kann die Auswahl der Werkzeuge und ihrer Schnittwerte erfolgen. Waren dabei früher
die auf das Werkzeug bezogene kostengünstigste Standzeit und
Schnittgeschwindigkeit zu ermitteln und ein Werkzeug auszu-
wählen, wird heute unabhängig vom daraus resultierenden

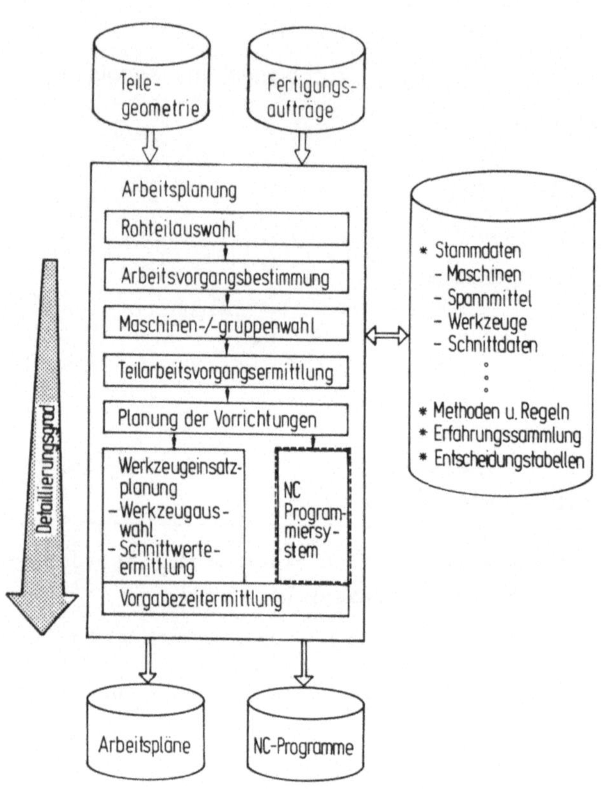

Bild 4.8: Funktionen der Arbeitsplanung.

Standzeitbedarf das Werkzeug das zu der kürzesten Einsatzzeit führt und damit durch die vergleichsweise hohen Ma-
schinenstundensätze die fertigungskostengünstigste Lösung
darstellt ausgewählt. Ob bevorzugt Standard- /19/ oder Sonderwerkzeuge /62/ ausgewählt werden sollen hängt neben dem
Teilespektrum auch von den Zielfestlegungen (Bild 1.4) für
das Werkzeugwesen ab.

Für die Werkzeugeinsatzplanung werden Werkzeugstammdaten benötigt über:

- Werkzeugteile- und Schneidengeometrie
- Werkzeugtechnologiedaten

- Kollisionsmaße,
- Einstellbereiche,
- Werkzeugteilekosten
- maximal verfügbare Standzeit.

Der Zugriff auf die Daten kann:

- manuell über Betriebsmittelkataloge,
- teilautomatisch über Suchfunktionen in der WZ-Datei oder
- vollautomatisch direkt vom NC-Programmiersystem aus der Werkzeugdatei

erfolgen. Zur teil- oder vollautomatischen Suche geeigneter Werkzeugarten reicht eine Stammdatenbereitstellung direkt über die Werkzeugartnummer nicht aus. Über Kenndaten der Werkzeugarten wie z.B:

- Werkzeugteilenummern
- Vorzugseinstellänge und -durchmesser,
- Einsatzlänge,
- Schneidstoffcode,
- maximal zulässiger Vorschub und Schnittgeschwindigkeit
- Werkzeugkennungen (Standard-/ Sonderwerkzeug)

müssen daher auf Basis der Werkzeugstammdaten Werkzeugarten selektiert und angezeigt werden können. Nach der Werkzeugauswahl sind die NC-programmspezifischen Daten (Bild 4 9) zu ermitteln die die Grundlage für die Werkzeugdisposition (siehe Abschnitt 4.1.2) darstellen. Dies kann manuell oder mit dem NC-Programmiersystem erfolgen.

Begleitende Tätigkeiten sind das Beschreiben der Werkzeuge und Werkzeugzusammenbauten sowie das Planen des Werkzeugspektrums, d.h. das Festlegen der für den Betrieb oder den Fertigungsbereich zulässigen Werkzeuge mit der Zielsetzung die Anzahl von Werkzeugtypen zu verringern /63 bis 66/.

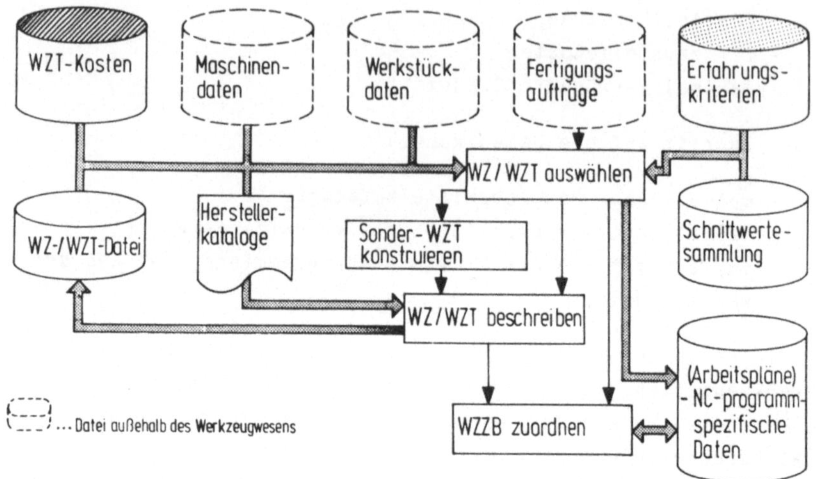

Bild 4.9:   Informationsfluß und Ablauffolge in der Werkzeugein-
            satzplanung.

4.4   Funktionsbereich Werkzeugbewirtschaftung

Die Werkzeugbewirtschaftung sorgt dafür daß mit ausreichend
zeitlichem Vorlauf die benötigten Werkzeugteile im Betrieb
zur Verfügung stehen. Hierzu sind die Werkzeugbestände zu
führen und eine Bedarfsprognose zu erstellen um termin- und
mengengerecht die Werkzeugbeschaffung einzuleiten.

Stand der Technik ist eine verbrauchsgesteuerte Ermittlung
der Beschaffungsmenge (Bestellbestand). Dabei wird über Ver-
brauchswerte vergangener Perioden der Bestellbestand ermittelt. Da Werkzeuge, die bereits fest für eine Bearbeitung
eingeplant sind, bei der Bedarfsberechnung nicht berücksichtigt werden, werden entweder hohe Sicherheitsbestände aufgebaut, oder kurzfristige Fehlbestände einkalkuliert. Hohe Be-
stände eines Werkzeugtyps führen zu unnötigen Kapitalbin-
dungs- und Anschaffungskosten und wirken innovationshemmend
so daß zu einem bedarfsgesteuerten Bestellwesen (Bild 4.10)

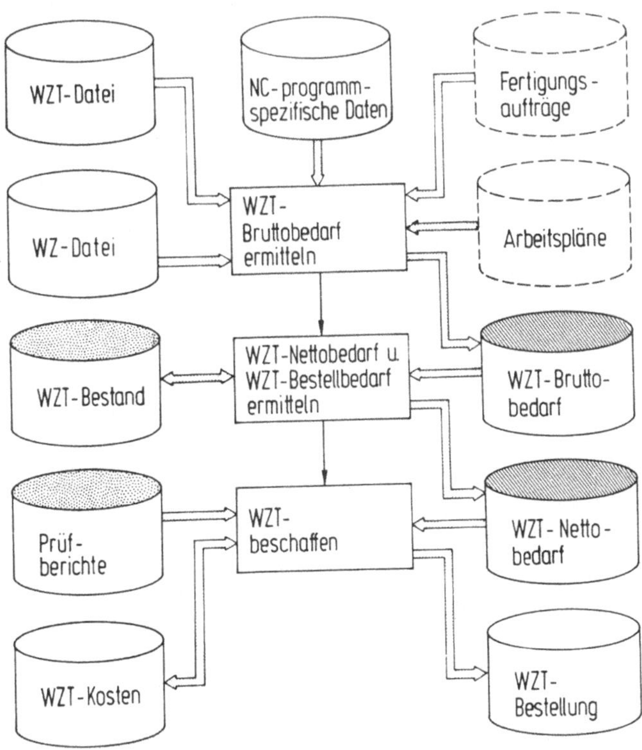

Bild 4.10: Bedarfsgesteuerte Werkzeugbewirtschaftung.

übergegangen werden sollte.

Hierfür muß für einen Planungzeitraum der größer ist als der Beschaffungszeitraum von Werkzeugteilen (Ø 15   30 Tage), der Werkzeugteilebedarf grob ermittelt werden. Hierzu werden identische Dateien wie zur Werkzeugdisposition benötigt. Aus den NC-programmspezifischen Daten den WZZB-Stücklisten sowie den im Planungszeitraum zu fertigenden Werkstücken läßt sich der Werkzeugteilebedarf ableiten. Erfolgt eine exakte Bestandsführung und -aktualisierung so kann im Anschluß der Werkzeugbestellbedarf errechnet werden.

Zur Reduzierung der eingesetzten Werkzeugteile bietet sich eine Auswertung der Werkzeugversorgungspläne vergangener Perioden an. Über die Einsatzhäufigkeiten und das verbrauchte Standzeitpotential schneidender Werkzeugteile können selten eingesetzte Werkzeugarten und/ oder Werkzeugteile erkannt und deren Substitution durch alternative Werkzeugteile bei der Erstellung neuer Arbeitspläne veranlaßt werden. Mit dieser Methode läßt sich ohne zusätzlichen Aufwand eine Bestandsreduzierung durchführen. Umfangreiche Analysen an ausgewählten Werkstücktypen nach /19 20 62/ können so umgangen werden.

4.5 Anforderungen an den Datenaustausch zwischen den Funktionsbereichen

Betrachtet man die in den einzelnen Funktionsbereichen des Werkzeugwesens benötigten bzw. erstellten Werkzeugdaten so wird deutlich, daß die:

- WZ- und WZT-Datei zur Bereitstellung der Werkzeugart- und Werkzeugteilestammdaten und
- die NC-programmspezifischen Daten als Planungsgrundlage

in allen Funktionsbereichen benötigt werden und somit die Klammer um das Werkzeugwesen bilden. Die Abläufe in den Funktionsbereichen werden dabei vom Fertigungsprogramm respektive den Fertigungsaufträgen die von der Produktionsplanung und -steuerung (PPS) erzeugt werden gesteuert.

Über diese Betrachtung (Bild 4.11) lassen sich auch die Schnittstellen zwischen den Funktionsbereichen:

- Werkzeugversorgung und Werkzeugeinsatz
  * Werkzeugzustandsdaten,
  * Einstellisten,
  * Versorgungsplan,
- Werkzeugplanung und Werkzeugeinsatz
  * Erfahrungswerte,

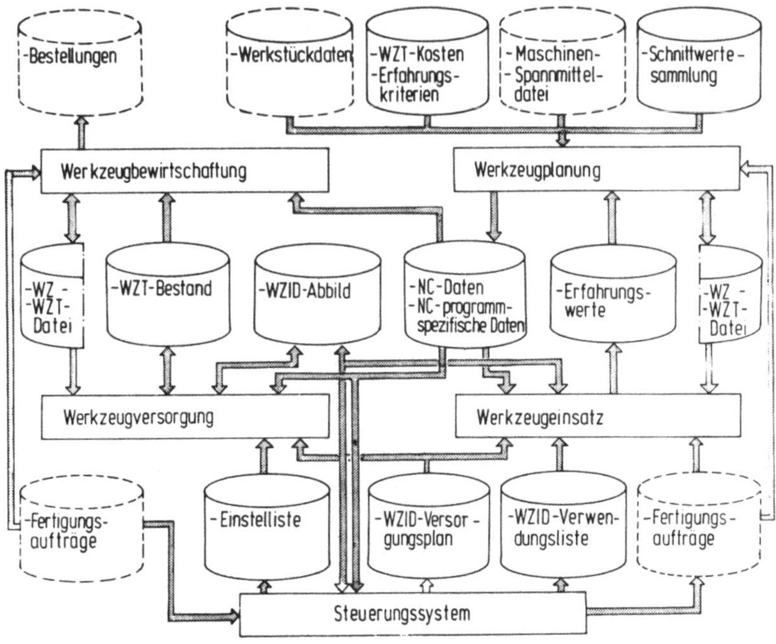

Bild 4.11: Informationsfluß zwischen den Funktionsbereichen des Werkzeugwesens.

    * Korrekturdaten,
  - Werkzeugbewirtschaftung und Werkzeugversorgung
    * Bestandsdaten,
    * Versorgungsplan

darstellen. Im Bereich CAM (Bild 1.2), in dem die Funktionsbereiche Werkzeugversorgung und Werkzeugeinsatz sowie Steuerungssysteme flexibler Fertigungszellen und -systeme angeordnet sind, wird die Notwendigkeit einer engen Kopplung an
den zeitlichen Anforderungen zur Datenbereitstellung und der
großen Zahl auszutauschender Daten ersichtlich. Gerade von
der Funktionsfähigkeit dieser Kopplung wird im wesentlichen
der reibungsfreie Ablauf des Fertigungsprozesses bestimmt.

Mit den in Kap.4 analysierten Werkzeugdaten können die Anforderungen der untersuchten Betriebe sowie der Pilotanlage des Sonderforschungsbereichs 155 abgedeckt werden. Ist sichergestellt, daß in der Fertigung nur Fertigungseinrichtungen mit modernen CNC-Steuerungen (z.B. 12stellige Werkzeugadresse, großer Korrekturdatenspeicher, DNC-Interface) eingesetzt werden und in der Arbeitsvorbereitung bei der NC-Programmierung immer mit der Werkzeuglänge und dem -durchmesser Null programmiert wird, vermindern sich die zur Steuerung des Werkzeugeinsatzes benötigten Daten und Dateien enorm. Z.B. kann die Erstellung der Werkzeugverwendungsliste sowie der Angabe der Werkzeugartnummer in den Werkzeugzustandsdaten entfallen.

Beim Aufbau einer Werkzeugdatenverwaltung und -organisation sind die spezifischen Anforderungen, die sich aus dem Werkzeugdatenbedarf der einzelnen Funktionsbereiche, im besonderen denen des Werkzeugeinsatzes, ergeben, zu berücksichtigen. Besondere Bedeutung kommt hier, wie schon mehrfach erwähnt, der Erfüllung der zeitlichen Anforderungen beim Zugriff auf die Daten und der Sicherstellung der Konsistenz der Werkzeugdaten in und zwischen den Funktionsbereichen zu. Hierbei spielt auch die Verteilung der Daten bei unterschiedlichen Rechnerkonfigurationen und in unterschiedlichen Datenspeicherungsmodellen eine große Rolle.

5 Struktur der Datenbasis

Die in Kap. 4 beschriebenen werkzeugbezogenen Daten sind in
eine geeignete Datenstruktur zu überführen. Dabei ergeben
sich die aufgezeigten Zielkonflikte (Bild 1.4), zum einen
durch die Forderung nach einer redundanzfreien Datenspeicherung zur Vermeidung von Inkonsistenzen in der Datenbasis
und zur Minimierung des Aktualisierungsaufwands, und zum
andern durch die zeitlichen Anforderungen an die Datenbereitstellung. Eine schnelle Datenbereitstellung wird durch
die Definition anwendungsfallspezifischer Dateien, wie sie
vorne analysiert wurden, erreicht. Durch die hohe Redundanz
der Werkzeugdaten in diesen Dateien kann jedoch die Datenkonsistenz nur schwer gesichert werden. Darüber hinaus ist
der Aufwand zur Nachführung von Änderungen in den Dateien
enorm. Kein Aufwand zur Nachführung von Änderungen entsteht
bei einer redundanzfreien Datenspeicherung. Um dies zu erreichen, müssen zusammengehörige Daten in unterschiedlichen
Dateien (abhängig vom gewählten Datenmodell) /69/ geeignet
abgelegt werden. Dies erhöht jedoch die Zugriffszeiten zur
Datenbereitstellung, da die Daten aus einer Vielzahl von
Dateien zusammengestellt werden müssen.

Durch die Vielzahl der Funktions- und Teilfunktionsbereiche
des Werkzeugwesens bietet sich ein schrittweiser Aufbau der
Werkzeugdatenbasis an. Eine leichte Erweiterbarkeit der
Datenbasis ist daher sicherzustellen. Folgende allgemeine
Forderungen sind darüber hinaus an eine integrierte Daten-
organisation zu stellen:

- Kompakte Datenspeicherung, da eine integrierte Daten-
  verwaltung im Extremfall auf einem Zellenrechner (z.B.
  PC) implementierbar sein muß.
- Suchalgorithmen zur schnellen Datenbereitstellung.
- Schnelle Neudefinition über Beschreibungshierarchie und
  Änderungsfunktionen für Werkzeugstammdaten.
- Einfache Erweiterbarkeit der Datenbasis um Dateien bzw.
  zusätzliche Felder in Dateien, ohne den gesamten gespei-

cherten Datenbestand neu definieren zu müssen.

- Möglichkeiten zur Änderung/ Ergänzung der Werkzeugdatenbasis, ohne sämtliche Zugriffsprogramme abändern zu
  müssen.
- Automatische Rückführung der Datenbasis in einen definierten Ausgangszustand nach einem Rechnerausfall.
- "Multi- user" Schnittstelle. Das heißt, daß ein Zugriff
  von mehreren Funktionsbereichen gleichzeitig auf die
  Datenbasis möglich sein muß, ohne Inkonsistenzen zu
  erzeugen.
- Möglichkeiten zur Lokalisierung und Behebung von Inkonsistenzen.

Diese Anforderungen an die Zugriffsstruktur, Änderungsfreundlichkeit und die Erweiterbarkeit der Datenbasis, erfüllen unabhängig vom zugrundeliegenden Datenmodell am besten (Tabelle 5.1) Datenbanksysteme. Weitere Forderungen wie
eine dezentrale Anordnung von Teilen der Werkzeugdaten zur
Verringerung der Netzbelastung bei gekoppelten Rechnersy-
stemen sowie die Fülle der zu verwaltenden Werkzeugdaten
unterstützen das oben Gesagte.

Daher sind die unterschiedlichen Datenmodelle auf ihre Eig-
nung zu untersuchen käufliche Datenbanksysteme zu bewerten
und eine Datenstruktur für das ausgewählte Modell zu ent-
werfen.

5.1 Datenmodelle im Vergleich

Bei Datenbanken werden alle Operationen vom "Database Mana-
gement System" (DBMS) ausgeführt. Durch die Gliederung der
Datenbanken (Bild 5.1)/23,24,69,70/ in externe Schemata (Definition nach Art und Umfang des "Fensters" zur Datenbasis),
das konzeptionelle (Datenstruktur und Speicherart) sowie das
interne Schema (Sequenz der Felder und Segmente) können Änderungen, z.B. am Dateienaufbau oder der Datenspeicherung

Bewertungskriterien	Files sequentiell	Files Index sequentiell	Datenbanksystem
Speicherplatzbedarf			
– gesamt	klein	mittel	sehr groß
– Nutzdaten	mittel	mittel	klein
Datenredundanz	sehr groß	sehr groß	sehr klein
durchschnittliche Zugriffszeit			
– Datensatz suchen	sehr groß	klein	klein
– Datensatz sequentiell lesen			
• vorwärts	klein	klein	klein
• rückwärts	sehr groß	klein	klein
Aufwand zur			
– Datensatzänderung	sehr groß	mittel	klein
– Löschen eines Datensatzes	sehr groß	mittel	klein
– Erweiterung um zusätzlichen			
• Datensatz	sehr groß	klein	klein
• Wert im Datensatz	schwer möglich (neuen File anlegen, alle Anwenderprogramme ändern)	schwer möglich (neuen File anlegen, alle Anwenderprogramme ändern)	klein
„multi user" Zugriff	nein	möglich	möglich
Datenkonsistenz bei „multi user" Zugriff	—	nicht gegeben	gegeben
Sperren von Datenbereichen für unterschiedliche Benutzer	möglich (im Anwenderprogramm)	möglich (im Anwenderprogramm)	möglich (Datenbankfunktion)

Tabelle 5.1: Vergleich von Speicherstrukturen.

vorgenommen werden. ohne daß dies Auswirkungen für den Benutzer oder die Benutzerschnittstelle hat.

Über die externen Schemata und Paßworte werden den Benutzern unterschiedliche Sichten (view) auf die Datenbasis bereitgestellt. Das heißt, daß jeder Benutzer entsprechend des internen Schemas nur einen Ausschnitt aller in der Datenbank enthaltener Daten sieht. Dies ist notwendig da für die einzelnen Funktionsbereiche des Werkzeugwesens die heutige Darstellung der Werkzeugdaten nach Art und Umfang erhalten bleiben soll. Zudem ist es nicht sinnvoll, daß z.B. von jedem Funktionsbereich aus Einfluß auf alle Werkzeugdaten genommen werden kann.

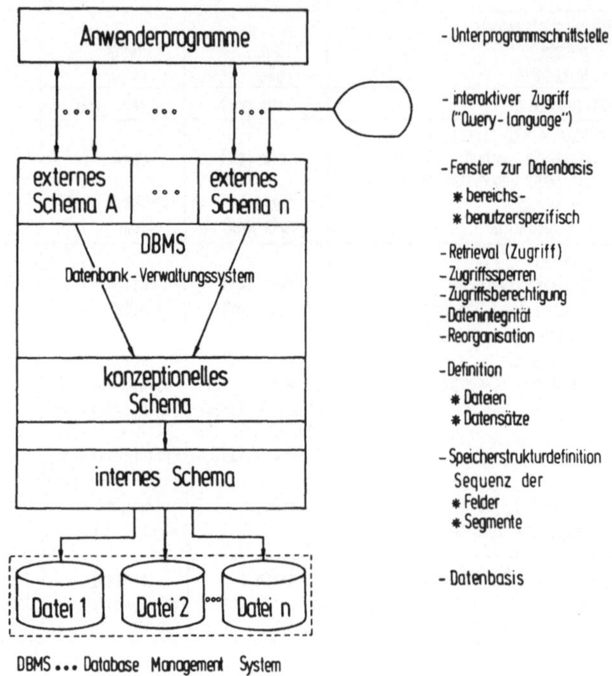

Bild 5.1:   Struktur von Datenbanken.

Über das konzeptionelle Schema der Datenbanken wird die Datenstruktur entsprechend dem gewählten Datenmodell definiert. Unter der Datenstruktur wird die Verteilung der Daten auf Dateien mit Datensätzen, die aus verschiedenen Feldern bestehen, verstanden. Datenbanken enthalten daher Entitätsmengen (Dateien), Entitäten (beliebige Informationsmengen) /23/ und Beziehungen zwischen den Entitäten.

Die verschiedenen Datenmodelle unterscheiden sich in der Darstellung der Entitäten und deren Beziehungen. Von den unterschiedlichen Ansätzen für Datenmodelle haben sich in der Praxis folgende drei durchgesetzt:

- hierarchisches,
- vernetztes und
- relationales Datenmodell.

Um eine Bewertung der Datenmodelle vornehmen zu können wird deren Datenstruktur anhand eines Auszugs aus den Stammdaten für Bohrwerkzeuge (Tabelle 5.2) kurz erläutert.

Werkzeugtyp	Lagerplatz (L)	Durchmesser (D)	Länge (L)	Schneidentyp (S)
Spiralbohrer	17	10	100	1
		10	150	1
		30	150	1
		30	150	2
Stufenbohrer	20	10	150	1
		30	300	2
Mehrstufen-bohrer	11	15	300	3
		30	300	1

Tabelle 5.2: Auszug aus den Stammdaten für Bohrwerkzeuge.

5.1.1 Das hierarchische Datenmodell

Im hierarchischen Datenmodell werden die Entitäten als Datensätze dargestellt. In einer Baumstruktur, die durch Verweise und Records gebildet wird werden Beziehungen zwischen den Datensätzen innerhalb der Dateien hergestellt. Die Beziehungen repräsentieren dabei die Kanten, die Datensätze die Knoten der Bäume. Ein Blatt eines Baumes kann nur dann existieren, wenn der Baum einen Wurzelknoten besitzt. Durch die hierarchische Anordnung der Datensätze sind ausschließlich Beziehungen von der Wurzel zu den Blättern ("one to many") modellierbar. Deshalb ist dieses Datenmodell für Beziehungen geeignet, die von Natur aus rein hierarchisch sind (z.B. Personaldateien). Da der Baum nur in einer Richtung (von der Wurzel zu den Blättern oder umgekehrt) durchlaufen werden kann (Bild 5.2), ist für jeden Suchschlüssel (z.B Werkzeugtyp, Lagerort, Durchmesser, Länge .) ein eigener Baum aufzubauen.

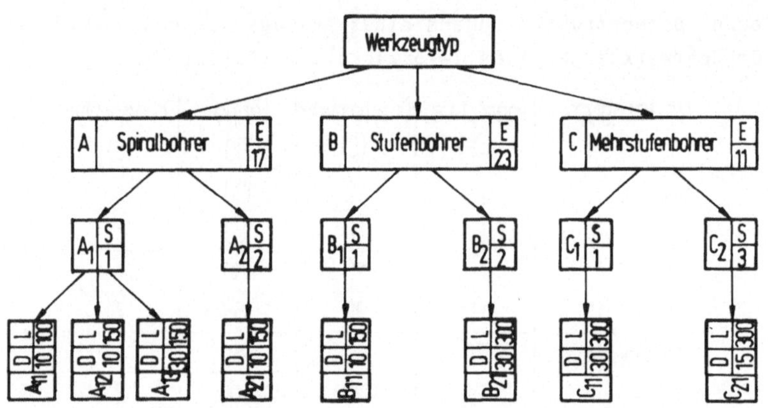

Bild 5.2:   Hierarchischer Aufbau der Stammdaten für Bohr-
             werkzeuge.

5.1.2 Das Netzwerkmodell

Das Netzwerkmodell (Bild 5.3) stellt eine Erweiterung des hierarchischen Datenmodells dar und weist eine deutlich komplexere Struktur auf. Von jeder Kante können theoretisch beliebig viele Verweise ausgehen. Es lassen sich daher die Beziehungen in beliebiger Richtung ("many to many") durchlaufen. Um einen neuen Datensatz (Record) in den Graphen der Entitäten und Beziehungen einbinden zu können muß der Record im 1. Schritt erzeugt und durch den Eintrag der Verweise in die Datei eingefügt werden. Beim Design der Records werden vorteilhaft Leerzeiger (Bild 5.3) in den Zeigerketten definiert, um später leicht Erweiterungen vornehmen zu können. Die Längen der einzelnen Zeigerketten beeinflussen bei diesem Datenmodell die Zugriffszeit.

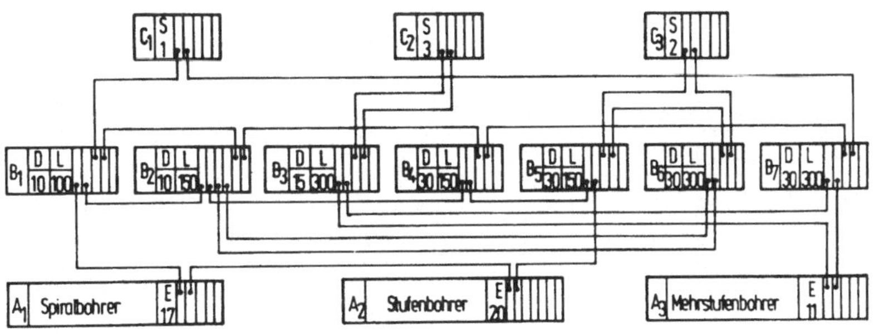

Bild 5.3: Bohrerstammdaten im Netzwerkmodell.

5.1.3 Das relationale Datenmodell

Im relationalen Datenmodell sind Entitäten und Beziehungen
als Datensätze repräsentiert. Eine Relation (Tabelle) enthält daher nur gleichartige Datensätze und wird als Datei
repräsentiert. Die Dateien entsprechen mathematischen Relationen. Dadurch können Datenmanipulationen in der Datenbank
mit Hilfe der relationalen Algebra recht einfach und exakt
beschrieben werden. Die Darstellung der Beziehungen zwischen
Entitäten als Relationen ist sehr anschaulich. Die Bohrerstammdaten aus dem Beispiel werden in drei Tabellen abgebil-
det (Bild 5.4). Bei diesem Aufbau kann die Datenbasis durch
Definition neuer Tabellen beliebig erweitert werden.

Werkzeugtypdatei		
T-Nr	Werkzeugtyp	Lagerplatz
T1	Spiralbohrer	17
T2	Stufenbohrer	20
T3	Mehrstufen-bohrer	

Geometriedatei		
G-Nr	Durchmesser	Länge
G1	10	100
G2	10	150
G3	15	300
G4	30	150
G5	30	300

Werkzeugartdatei		
T-Nr.	G-Nr	Schneidentyp
T1	G1	1
T1	G2	1
T1	G4	2
T1	G4	1
T2	G2	1
T2	G5	2
T3	G5	1
T3	G3	3

T,G ... Interne Schlüssel

Bild 5.4:   Relationales Schema der Bohrerstammdaten.

5.1.4 Bewertung der Datenmodelle

Mit allen drei Datenmodellen können die Anforderungen der
Werkzeugdatenverwaltung erfüllt werden. Da im hierarchischen
Datenmodell jedoch keine "many to many" Beziehungen definierbar sind, scheidet dieses Datenmodell auf Grund des
großen Aufwands bei der Erstellung und zur Datenaktualisie-
rung aus. "Many to many" Beziehungen werden besonders bei
der Werkzeugeinsatzplanung benötigt wo über unterschiedliche Kenndaten geeignete Werkzeuge ermittelt werden müssen.

Legt man das Hauptaugenmerk auf eine leichte Erweiterbarkeit und kurze Zugriffszeiten bei großen Datenmengen, so
weist das relationale Datenmodell Vorteile (Tabelle 5 3)
gegenüber vernetzten Datenmodellen auf. Dies führte zur Auswahl einer relationalen Datenbank.

Kriterien	Datenmodell		
	hierarchisch	vernetzt	relational
- Speicherplatz- bedarf	sehr groß	klein	mittel
- Datenredundanz	klein	klein	klein
- Zugriffszeit	klein	mittel	mittel
- Erweiterbarkeit	gut	aufwendig	sehr gut
- Beziehungen			
* "one to many"	ja	ja	ja
* "many to many"	nein	ja	ja
- Verteilte Daten	möglich	-	möglich

Tabelle 5.3: Bewertung alternativer Datenmodelle.

5.2 Umsetzen der Dateien in eine relationale Struktur

Bei der Umsetzung der aufgabenspezifischen Dateien in eine
für das relationale Datenmodell geeignete Struktur müssen:

- Abhängigkeiten der Daten untereinander in einem soge-
  nannten Normalisierungsprozeß erkannt und
- die eindeutige Identifizierbarkeit jedes Datensatzes
  sichergestellt werden.

Bevor auf die Strukturierung näher eingegangen wird werden
nachfolgend kurz die Zugriffsmechanismen sowie Grundlagen
der Normalisierung und Identifizierung von Datensätzen erläutert.

Eine relationale Datenbasis gliedert sich in einzelne Relationen, die Datensätze (Records) mit gleichem Aufbau enthalten. Jedes Feld eines Records ist mit dem Speicherplatzbedarf und dem enthaltenen Zeichentyp, z.B. ASCII, spezifiziert und wird über den Feldnamen angesprochen. Der Feldname
wird dabei als Attributname, der Inhalt des Feldes als Attributwert der Relation (Bild 5 5) bezeichnet. Betrachtet
man die Darstellungsmöglichkeiten einer Werkzeugstückliste,
so erkennt man, daß in der Darstellung 1 (Bild 5.5) für die

maximale Anzahl von Baugruppenund Werkzeugteilen aus denen sich eine Werkzeugart zusammensetzen kann je ein Feldelement definiert und der entsprechende Speicherplatzbedarf bei der Recorddefinition berücksichtigt werden muß. Bei der Darstellungsart 2 können durch Anfügen zusätzlicher Records eine beliebige Zahl von Werkzeugeinzelteilen und Baugruppen definiert werden. Dabei müssen keine Speicherplätze für nicht existierende Werkzeugteile freigehalten werden. Es ergibt sich daher eine effizientere Datenspeicherung.

Der Bezug zu den Datensätzen wird beim Zugriff (Retrieval) inhaltsbezogen über Attributnamen hergestellt. Dabei werden bestimmte Attributnamen als Suchschlüssel definiert. Diese Schlüssel können dabei auch aus einer Kombination von Attributnamen zusammengesetzt werden. Der eindeutige Schlüssel, der in jeder Relation genau einmal exisitieren muß, wird Primärschlüssel genannt. Relationale Datenbanken setzen voraus, daß jeder Primärschlüssel und jede Primärschlüsselkomponente bei zusammengesetzten Primärschlüsseln immer mit einem Wert besetzt ist (Integritätsbedingung 1) Zusätzlich dürfen Primärschlüsselkomponenten nur Werte annehmen die in einem Wertebereich (primary domain) definiert sind (Integritätsbedingung 2). So wird sichergestellt daß keine Beziehungen zwischen nicht existierenden Datensätzen abgespeichert werden.

Beim Zugriff wird bei relationalen Datenbanken zuerst über den Schlüssel und den Dateinamen der oder die Datensätze ermittelt, die die Suchschlüsselbedingungen erfüllen. Diese Operation wird als "FIND" bezeichnet. Über die "READ" Operation erfolgt, nach der Vorgabe der gewünschten Attribute des Records, die Datenbereitstellung. Wurden mehrere Records ermittelt, können diese ohne zusätzliche Suchoperationen sequentiell gelesen werden. Sind die benötigten Daten in unterschiedlichen Dateien abgelegt, so ist für jede Datei ein interner "FIND" und "READ" durchzuführen (Join).

Wendet man Integritätsbedingung 1 auf die Darstellung 2 in Bild 5.5 an, so erkennt man, daß ein Schlüsselwert WZZB auf

Darstellung_1

WZZB	WZT 1	ANZ	WZT 2	ANZ	WZT 3	ANZ	WZT4	ANZ	...
ZB011011	AD100101	11	VL011200	2	VL012080	1	SK812013	1	...
⋮	⋮	⋮	⋮	⋮	⋮	⋮	⋮	⋮	

Darstellung_2

WZZB	WZT	ANZ
ZB011011	AD100101	1
ZB011011	VL011200	2
ZB011011	VL012080	1
ZB011011	SK812013	1
⋮	⋮	⋮

Darstellung 3

WZZB	POS	WZT ①	ANZ ②③
ZB011001	1	AD100101	1
ZB011001	2	VL011200	2
ZB011001	3	VL012080	1
ZB011001 ④	4	SK812013	1
⋮		⋮	⋮

WZZB ... Werkzeugartnummer
WZT ... Werkzeugteilenummer
ANZ ... Anzahl der Teile
POS ... Positionsnummer

① ... Feldname oder Attributname
② ... Attributwert
③ ... Record der Relation
④ ... Primärschlüssel

Bild 5.5:   Strukturierungsmöglichkeit der Stückliste

mehrere Werkzeugteile verweist und daher nicht eindeutig
ist. Durch die Einführung einer "Positionsnummer" wird die
Integritätsbedingung erfüllt (Darstellung 3) Somit wird
der Primärschlüssel dieser Relation durch die Attributkom-
bination WZZB, POS gebildet.

Bei der Normalisierung werden zusammengehörige Daten auf
verschiedene Relationen verteilt um Redundanzen zu vermei-
den und für alle Attribute einer Relation nur eine Abhängigkeit dieser Attribute vom Primärschlüssel zu erreichen.
In der Literatur /23 69 70/ wurden bislang mindestens fünf
Normalformen eingeführt die sich einseitig nach unten ein-
schließen. Für die Werkzeugdatenstrukturierung sind jedoch
nur die ersten drei Normalformen von Bedeutung. Die erste
Normalform definiert, daß jedes Attribut höchstens einen
Wert enthält. Über die zweite und dritte Normalform wird
gewährleistet, daß jeder Wert einer Relation voll funktio-
nal abhängig von dem Primärschlüssel der Relation ist und

keine transitive funktionale Abhängigkeit zwischen Primärschlüsselkomponenten besteht. Die Definition der funktiona-
len und transitiven Abhängigkeit nach /69/ wird vorausge-
setzt.

5.3 Randbedingungen bei der Strukturierung der Datenbasis

Über den vorstehend beschriebenen Normalisierungsprozeß und
die Integritätsregeln ist die Eindeutigkeit der Primärschlüssel und der Attribute der Relationen gegeben. Durch
die Aufteilung der Daten bei funktionaler oder transitiver
Abhängigkeit in unterschiedliche Dateien wird die Datenredundanz vermindert. Prinzipiell können sämtliche Werkzeugdaten durch Aufteilung in unterschiedliche Relationen voll-
kommen redundanzfrei abgespeichert werden. Betrachtet man
die zur Beschreibung einer Werkzeugart benötigten Werkzeugstammdaten so setzen sich diese aus folgenden Daten zusammen:

- werkzeugartspezifische Daten wie z.B
  * Werkzeugartkennung
  * Werkzeugstückliste
  * Technologie-,
  * Geometriedaten
  * Montage-, Einstell- und Prüfanweisungen
  * Einfahrkennungen
- werkzeugteilespezifische Daten wie z.B
  * Teilekennung,
  * Geometrie-,
  * Technologiedaten
  * Einstelldaten.

Unter der Voraussetzung, daß die Werkzeugteilestammdaten
verfügbar sind, können in einer Datei unter der Werkzeugartnummer:

a) alle werkzeugart- und werkzeugteilespezifischen Daten

b) alle werkzeugart- und ausgewählte werkzeugteilespezifischen Daten und
c) nur werkzeugartspezifische Daten

abgelegt werden.
Speicherungsmöglichkeit a) stellt die speicherplatzinten-
sivste Lösung dar. Zudem ist die Datenkonsistenz nur mit
großem Aufwand sicherzustellen. Bei der Änderung einer beliebigen Angabe zu einem Werkzeugteil müssen alle Werkzeug-
artbeschreibungen, in denen das Werkzeugteil verwendet wird
abgeändert werden.

Bei Speicherungsmöglichkeit c) (Bild 5.6) wird eine Datenredundanz vermieden. Bezüglich dem Speicherplatzbedarf und
der Änderungsfreundlichkeit stellt dies die beste Lösung
dar. Bezieht man jedoch die ermittelten Operationszeiten
(Tabelle 5.4), die sicher nur einen Trend angeben da die
Datenbank ohne erhöhte Priorität betrieben wurde, mit ein
so erkennt man, daß zur Ermittlung des Werkzeugartgewichts
das Gewicht aller in der Stückliste definierten Werkzeugteile ermittelt und aufsummiert werden muß. Für ein Werk-

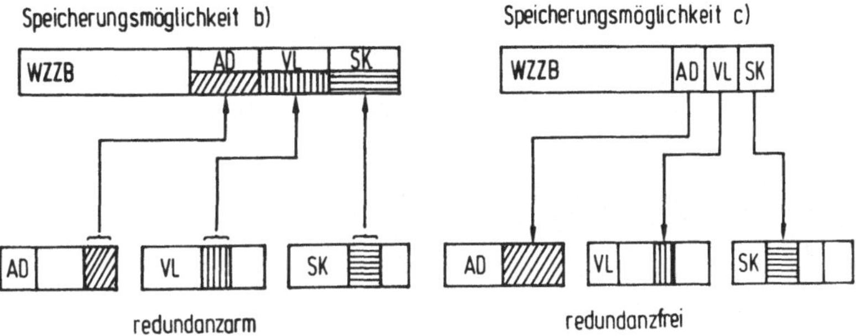

Bild 5.6: Speichermöglichkeiten der Werkzeugartstammdaten.

Operation	Anzahl Sätze in der Datei	Anzahl Primärschlässel-komponenten	CPU-Zeit (sec)	Verhältnis FIND/READ
FIND	100	1	0.4 ... 0.8	4 / 1
FIND	100	2	0.6 ... 1.12	7 / 1
FIND	100	3	1.1 ... 1.36	10 / 1
READ	100	-	0.08... 0.18	-

Rechner : VAX 11/780 mit 20 aktiven Benutzern

CPU-Zeit: Prozessorzeit zur Datenbereitstellung (Laden des Datenbankprogramms und der Dateien in den Arbeitsspeicher) und Durchführung der gewünschten Operation.

Tabelle 5.4:   Ermittelte Operationszeiten.

zeug, das aus 10 Werkzeugteilen aufgebaut ist bedeutet dies:

- 1 "FIND + READ" Operation zur Ermittlung der Stückliste aus der Werkzeugartbeschreibung
- 10 "FIND + READ" Operationen auf die einzelnen Werkzeugteile.

Bei Speicherungsmöglichkeit b) wird der Nachteil von c) dadurch vermindert, daß häufig benötigte Werkzeugartdaten wie z.B.

- für die Werkzeugeinsatzplanung
  * Schneidkörperbezeichnung (z.B Spiralbohrer),
  * Schneidstoffcode,
  * Einsatzlänge,
- für den Werkzeugeinsatz
  * Werkzeuggewicht,
  * Werkzeughöhe,
  * Magazinplatzbedarf,
- für die Werkzeugvoreinstellung
  * Werkzeugteilelagerplatz,
  * Vorzugseinstellmaße

direkt im Werkzeugartrecord beschrieben werden. Grundsätz-

lich kann gesagt werden daß mit steigenden zeitlichen Anforderungen eine Aufspaltung aufgabenspezifisch benötigten
Daten immer stärker eingeschränkt wird. Im Extremfall ist
eine Speicherung der Daten in der Datenbank z.B bei den
Werkzeugzustandsdaten in Steuerungssystemen flexibler Fertigungssysteme und -zellen nicht mehr möglich. Um einen
schnellen Zugriff auf die Daten zu gewährleisten konnte
außerdem eine Trennung von Werkzeugzustands- und einsatzfallspezifischen Einsatzdaten (Tabelle 4.2) nicht durchgeführt werden. Diese Daten werden gemeinsam im Werkzeugabbild (WZID-Abbild) abgelegt.

Nach den Erfahrungen mit der eingesetzten Datenbank stellen
bei interaktiven Anfragen fünf interne Zugriffe (jeweils
"FIND + READ") auf die Datenbasis zur Bereitstellung der gewünschten Informationen ein zeitliches Maximum dar. Redundante Informationen können daher bei der Strukturierung der
Datenbasis nicht vermieden werden. Über eine genaue Verant-
wortungsverteilung für bestimmte Datenbereiche sowie über
Dienstprogramme ist daher die Konsistenz in der Datenbasis
zu sichern.

6 Werkzeugdatenbereitstellung in und für flexible Fertigungszellen und -systeme

Neben den in Abschnitt 5 3 genannten Einschränkungen bei der Strukturierung der Datenbasis sind im Betriebsbereich CAM weitere Randbedingungen seitens der Gerätetechnik der Rechnerstrukturen sowie der Datenbereitstellung für die Werkzeugdisposition und die Werkzeugtransport- und Werkzeugeinsatzsteuerung zu beachten. Nach der Analyse dieser Restriktionen werden die daraus resultierenden Erweiterungen von Steuerungssystemen flexibler Fertigungszellen und -systeme und der zur Bereitstellung der oben genannten Daten realisierte Informationsfluß für ein Steuerungssystem aufgezeigt.

6.1 Zuordnung der Funktionen und Dateien im Betriebsbereich CAM bei unterschiedlichen Rechnerstrukturen

Der Betriebsbereich technische Steuerung und Überwachung (CAM) (Bild 1.2) kann grob in vier organisatorische Stufen unterteilt werden. Die unterste Stufe wird von den Teilbereichen wie z.B. Montage Lager und Teilefertigung gebildet In dieser Stufe sind die autonomen Maschinen- und Gerätesteuerungen angesiedelt. Werden mehrere Fertigungseinrichtungen (siehe Abschnitt 2 1.1) durch ein Materialflußsystem gekoppelt so wird heute vielfach zur technischen und organisatorischen Steuerung der Anlage ein Zellenrechner (Stufe 2) eingesetzt. Durch die Verkettung z.B mehrerer Fertigungseinrichtungen unterschiedlicher Fertigungszellen durch ein übergeordnetes Fördersystem erhält man ein Fertigungssystem (Stufe 3).

Im Gegensatz zu früher, als in einem Schritt große Systeme mit 10...40 Maschinen aufgebaut wurden werden heute bevorzugt autarke Zellen realisiert und nachfolgend zu einem Fertigungssystem verknüpft. Alle Teilbereiche erhalten ihre Aufträge von der zentralen Produktionssteuerung und -über-

wachung die die oberste Stufe des Betriebsbereichs CAM
bildet.

Je nach Rechnerstruktur und der Größe der einzelnen Teilbereiche erfolgt die Zuordnung der Funktionen auf die einzelnen Stufen. Z.B. werden in kleineren Unternehmen überwiegend unverkettete Bearbeitungszentren oder Fertigungszellen
(Rechnerstruktur I in Bild 6.1) ohne Produktions- und Fertigungsleitrechner eingesetzt. Durch das Fehlen übergeordneter
Rechner sind Teile der Funktionen der darüberliegenden Stufen, meist mit verringertem Leistungsumfang auf dem Zellen-

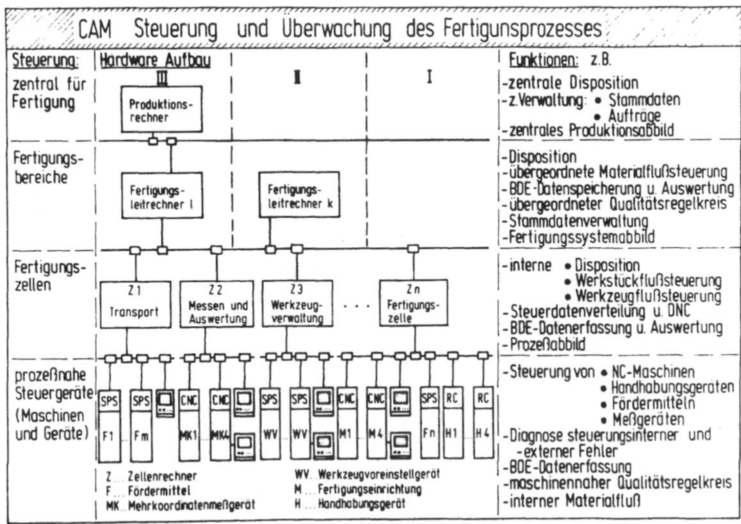

Bild 6.1: Hierarchie- und Automatisierungsstufen im Betriebsbereich CAM.

rechner zu implementieren oder durch manuelle Dateneingabe
zu ersetzen. Entsprechendes gilt für die Funktionen der Fertigungsleitrechner (Rechnerstruktur II) bei fehlendem Produktionsrechner. Die Ausführung und die Anordnung der in
Bild 6.1 aufgeführten Funktionen wird daher vom Automatisierungsgrad und vom Aufbau der Gerätetechnik entscheidend
beeinflußt. Das oben Gesagte gilt auch für den Funktionsumfang der Werkzeugdatenverwaltungsfunktionen wobei hier noch

zusätzlich der Aufbau der fertigungsinternen und -externen
Werkzeugflußsysteme betrachtet werden muß.

6.1.1 Zuordnung der Funktionen und Dateien bei Rechner-
struktur I

Die kleinste Einheit bilden Fertigungszellen oder (-syste-
me), die autark arbeiten und keine Daten von übergeordne-
ten Fertigungsleitrechnern oder dem Produktionsrechner übernehmen können.

Die Realisierung der in den Abschnitten 4.1 und 4.2 genannten Funktionen zur Werkzeugeinsatzüberwachung und
-steuerung zur Werkzeugvorbereitung sowie zur Verwaltung
der benötigten Werkzeugdaten kann auf zwei Arten (Bild
6.2) erfolgen:

  1) direkt im Steuerungssystem der Fertigungszelle oder
  2) fertigungszellen- bzw. vorbereitungsbezogen auf unter-
     schiedlichen Rechnersystemen.

Mit beiden Anordnungen lassen sich die Anforderungen an die
Datenbereitstellung erfüllen. Bei beiden sind jedoch zur Ermittlung des Werkzeugbedarfs und zur Bereitstellung werk-
zeugartspezifischer Einsatzdaten der Stücklisten der Mon-
tage-, Prüf- und Einstellanweisungen Werkzeugart- und Werkzeugteilestammdaten (je nach Strukturierung) erforderlich.
Obwohl die Speicherung und Verwaltung von Werkzeugstammdaten
Aufgaben der zentralen Betriebsmitteldokumentation sind
müssen diese bei der Rechnerstruktur I von der Zellenrech-
nerebene mit übernommen werden. Der Umfang der Werkzeugteilestammdaten ist sehr groß und für den Werkzeugeinsatz und
die Werkzeugvorbereitung nur in Teilen (Darstellung b) in
Bild 5.7) von Bedeutung. Bewertet man den Funktionsumfang
der zwei Darstellungen so stellt Anordnung 2 die bessere
Lösung dar, da:

  - In Steuerungssystemen speicherplatz- und rechenzeitbe-

dingt nur eine begrenzte Anzahl an Stammdaten gespeichert werden kann. In der Regel werden nur Stammdaten
für die aktuelle und die darauffolgende Fertigungsperiode verwaltet.
- Keine Rücksicht auf bestehende Datenstrukturen in Steuerungssystemen (Task Stammdatenverwaltung) genommen werden muß.
- Der Datenaustausch zu anderen Funktionsbereichen nicht
den Fertigungszellenrechner belastet.
- Die Ausfallsicherheit erhöht wird.
- Der Aufbau, die Zugriffs- und Speicherstruktur der
Stammdaten ohne Eingriff in das Steuerungssystem geän-
dert bzw. ergänzt werden kann.

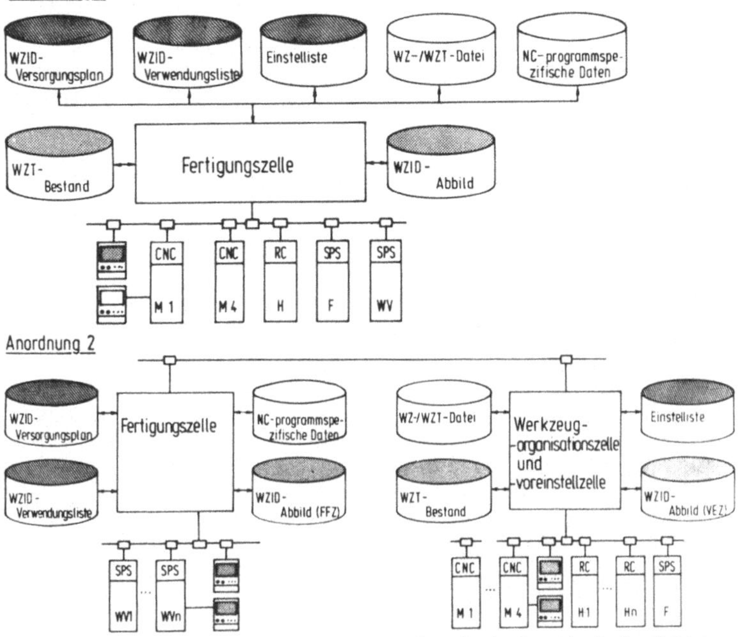

Bild 6.2: Alternative Zuordnungen der Dateien bei Rechnerstruktur I.

Die Aufteilung der Daten und Funktionen auf unterschiedliche Rechner bedingt jedoch, daß die Datenkonsistenz nicht nur im Steuerungssystem der Fertigungszelle sondern auch zwischen den Steuerungssystemen durch zusätzliche Dienstprogramme gesichert werden muß.

Ein Vergleich des realisierbaren Leistungsumfangs der zwei Anordnungen (Tabelle 6.1), vor allem auch in Bezug auf die Erweiterbarkeit um zusätzliche Fertigungssysteme und -zellen, unterstützt den Ansatz der aufgabenspezifischen Trennung der Dateien und Funktionen.

Leistungsumfang	Anordnung 1	Anordnung 2
- Verwalten von:		
* Werkzeugteilestammdaten	begrenzt möglich	möglich
* Werkzeugartstammdaten	begrenzter Umfang	ja
** Stücklisten	möglich	möglich
** Montage-, Prüf- Rüstanweisungen	möglich	möglich
** Geometrie-	begrenzter Umfang	möglich
** Technologiedaten	begrenzter Umfang	möglich
* Werkzeugteilebestand	begrenzter Umfang	ja
* Einstelliste	ja	ja
* Werkzeugverwendungsliste	ja	ja
* Werkzeugversorgungsplan	ja	ja
- Anzeigen von:		
* Werkzeugzustandsdaten	ja	ja
* Werkzeugstammdaten	begrenzter Umfang	möglich
* Werkzeugbestandsdaten	begrenzter Umfang	möglich
- Zugriff der Funktionsbereiche auf Werkzeugstammdaten:		
* Werkzeugplanung	bedingt möglich	möglich
* Werkzeugbewirtschaftung	bedingt möglich	möglich
- Zugriff der Konstruktion:		
* Werkzeugstammdaten	nicht möglich	bedingt möglich
- Werkzeugdatenbereitstellung für andere Fertigungszellen:	nicht möglich	möglich

Tabelle 6.1: Vergleich des Leistungsumfangs der zwei Anordnungsalternativen.

Für die Anordnung 2 ergibt sich dabei folgende Zuordnung der Funktionen und Dateien:

- Steuerungssystem der Fertigungszelle
  * Erstellen von:
    ** Werkzeugbelegungsplan zur Bedarfsermittlung
    ** Einstelliste,
    ** Versorgungsplan
    ** Verwendungsliste,
  * Steuern des internen Werkzeugflusses,
  * Datenbereitstellung und -übertragung der Werkzeugzu-
    standsdaten innerhalb der Fertigungszelle,
  * Aktualisieren der Werkzeugzustandsdaten
  * Speichern und Verwalten von:
    ** Werkzeugzustandsdaten (fertigungszellenbezogen),
    ** Werkzeugversorgungsplan
    ** Werkzeugverwendungsliste,
    ** NC-programmspezifische Daten.

- Steuerungssytem für die Werkzeugvorbereitung (Werkzeug-
  voreinstellzellen)
  * Verwalten Erstellen und Modifizieren von Werkzeugart-
    und Werkzeugteilestammdaten
  * Ermittlung des Einstellbedarfs,
  * Steuern des externen Werkzeugflusses,
  * Abarbeiten der Werkzeugeinstelliste
    ** Datenbereitstellung für den Werker
    ** Datenaufbereitung für Werkzeugvoreinstellgeräte,
    ** Erfassen der Werkzeugist-Maße,
  * Erstellen der Werkzeugzustandsdaten
  * Speichern und Verwalten der:
    ** Werkzeugart- und Werkzeugteilestammdaten
    ** Werkzeugteilebestandsdaten
    ** Werkzeugeinstelliste,
    ** Werkzeugzustandsdaten (detailliert für die Werk-
       zeugvoreinstellzelle, verdichtet systemweit).

Da im Steuerungssystem für die Werkzeugvorbereitung die Funktionen zur Werkzeugstammdatenverwaltung und Programme

zur Regelung des Zugriffs auf die Stammdaten vorhanden
sind wird diese Zelle nachfolgend unterteilt in die Werk-
zeugorganisations- und Voreinstellzelle.

Der Funktionsumfang der Werkzeugdatenorganisation kann bei
dieser Anordnung schrittweise mit dem Auf- und Ausbau der
Fertigungszellen erweitert und die Eindeutigkeit der Werkzeugdaten mit geringem Aufwand gesichert werden. Für die
nachfolgenden Betrachtungen sowie für die im Rahmen dieser
Arbeit erstellten Programme wird daher Anordnung 2 voraus-
gesetzt.

6.1.2 Zuordnung der Funktionen und Dateien bei Rechner-
struktur II und III

Die Erweiterung der Rechnerstruktur I (Bild 6.1) um einen
zusätzlichen Fertigungsleit- und/ oder einen Produktionsrechner bietet die Möglichkeit die Menge der zu verwaltenden Werkzeugstammdaten zu erweitern und die Funktionen zur
Speicherung, Verwaltung und Zugriffsregelung auf diesen
Rechnern zu implementieren.

Die in Tabelle 6 2 dargestellte Zuordnung wurde mit dem Ziel
einer autarken Arbeitsweise der Voreinstell- und Fertigungszellen sowie einer möglichst redundanzarmen Datenspeicherung
bei geringer Netzbelastung erstellt. Durch den Zielkonflikt
zwischen der autarken Arbeitsweise und einer redundanzarmen
Speicherung muß unter Berücksichtigung der unterschiedlichen
Anforderungen der Fertigung (z.B. durchschnittliche Bearbeitungszeit von 1 min . . 2 Tage mit 1...20 .40 Werkzeugen
pro Werkstück) die Verteilung für jedes Fertigungssystem
einzeln erstellt werden.

Am Beispiel des Werkzeugabbilds werden die Unterschiede besonders deutlich. Jede Standort- oder Zustandsdatenänderung
erfordert Zugriffe auf das Werkzeugabbild. Bei kurzen Pro-
zeßzeiten der Werkzeuge würde dies bei einer zentralen fer-

tigungssystembezogenen Speicherung zu einer hohen Netzbelastung (zwischen Fertigungszellen- und Fertigungsleitrechner) und zu einem hohen Stillstandsrisiko führen. Daher ist in der Tabelle 6.2 eine mehrstufige Speicherung der Zustandsdaten aufgeführt. Jede Fertigungs- und Voreinstellzelle führt für die verfügbaren Werkzeuge ein detailliertes Werkzeugabbild. Dieses wird vom jeweiligen Zellenrechner aktualisiert. Das übergeordnete, systemweite Werkzeugabbild enthält nur grobe Angaben und Verweise auf die Zelle (Bild 6.3), in der sich das Werkzeug augenblicklich befindet. Dadurch reduziert sich der Aktualisierungsaufwand und somit die Netzbelastung spürbar.

Bei der Aufteilung der Funktionen (Tabelle 6 2) ist zudem der Aufbau der externen und fertigungssysteminternen Werkzeugflußeinrichtungen (Bild 2.2) zu beachten. Der Werkzeugdaten- und Funktionsumfang bei Anlagen ohne Werkzeugflußsystem stellt eine Untermenge des bei Anlagen mit fertigungssysteminternen Werkzeugflußeinrichtungen benötigten Umfangs dar.

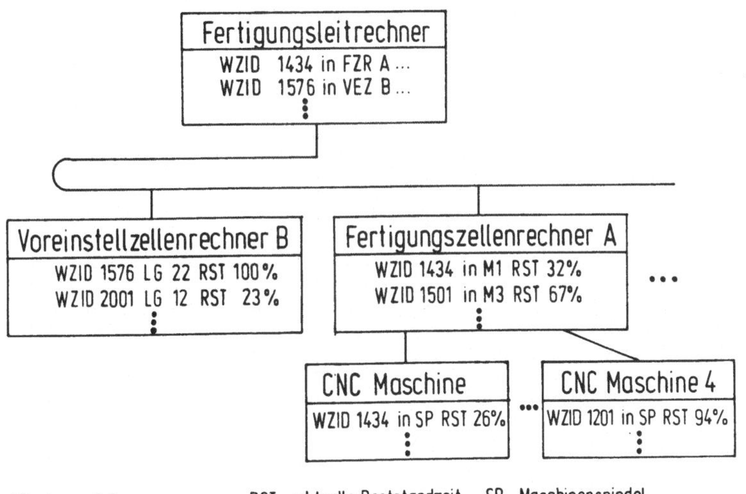

Bild 6.3:   Verteilte Anordnung des Werkzeugabbildes.

	Rechnerstruktur		
	I	II	III
Dateien			
- Stammdaten			
* werkzeugart-	WOZ	FLR/WOZ	PR
* werkzeugteilebezogen	WOZ	WOZ	PR
- NC-programmspez. Daten	FZR	FLR	PR
- Werkzeugteilebestand	VEZ	VEZ	VEZ
- Werkzeugbelegungsplan	FZR	FZR	FZR
- Werkzeugeinstelliste	VEZ	VEZ	VEZ
- Werkzeugversorgungsplan	FZR	FZR	FZR
- Werkzeugverwendungsliste	FZR	FZR	FZR
- Werkzeugzustandsdaten			
* fertigungssystem-	VEZ	FLR	FLR
* fertigungszellen-	FZR	FZR	FZR
* voreinstellzellenbezogen	VEZ	VEZ	VEZ
Erstellen von			
- Werkzeugbelegungsplan	FZR	FZR	FZR
- Bedarfsdeterminierung			
* Bruttobedarf	FZR	FLR/FZR	FLR/FZR
* Nettobedarf	VEZ	FLR	FLR
- Werkzeugeinstelliste	VEZ	FLR	FLR
- Werkzeugversorgungsplan	FZR	FZR	FZR
- Werkzeugverwendungsliste	FZR	FZR	FZR
Steuern von			
- interner Werkzeugfluß	FZR	FZR	FZR
- externer Werkzeugfluß	VER	FLR	VER
Verwalten, Erstellen, Modifizieren			
- Werkzeugartstammdaten	WOZ	FLR/WOZ	PR
- Werkzeugteilestammdaten	WOZ	FLR/WOZ	PR
Aktualisieren der Werkzeugzustandsdaten			
- fertigungssystem-	VEZ	FLR	FLR
- fertigungszellen-	FZR	FZR	FZR
- voreinstellzellenbezogen	VEZ	VEZ	VEZ
Abarbeiten der Einstelliste	VEZ	VEZ	VEZ

FLR ... Fertigungsleitrechner   PR . Produktionsrechner

WOZ ... Werkzeugorganisationszelle VEZ .. Voreinstellzelle

Tabelle 6.2:   Zuordnung der Dateien und Funktionen bei unterschiedlichen Rechnerstrukturen.

6.2 Realisierung der werkzeugbezogenen Funktionen in Steuerungssystemen flexibler Fertigungszellen und -systeme

In die Steuerungssysteme flexibler Fertigungszellen und -systeme müssen Funktionsbausteine (siehe Abschnitt 2.3.1) zur Steuerung und Überwachung des werkzeugbezogenen technischen und organisatorischen Informationsflusses eingebaut bzw. bestehende Funktionsbausteine erweitert werden. Ausgehend von der Rechnerstruktur I und der Anordnung 2 (Bild 6.2) werden die Erweiterungen des Steuerungssystems am Beispiel der Pilotanlage des Sonderforschungsbereichs 155 an der Universität Stuttgart /71/ kurz erläutert sowie der Informationsfluß zur Erstellung der benötigten Listen und Dateien hergeleitet.

Die größten Erweiterungen in Steuerungssystemen sind für Funktionen des organisatorischen Informationsflusses im Bereich der Werkzeugdisposition der internen (on-line) Disposition und der Werkzeugflußsteuerung vorzunehmen. Die Funktionen des technischen Informationsflusses, die Übertragung und Rückübertragung von Werkzeugzustandsdaten in die Steuerung der Fertigungseinrichtung stellen Grundfunktionen eines DNC-Systems dar. Zur Anzeige der Werkzeugzustandsdaten zur manuellen Eingabe von Werkzeugtransportaufträgen und für den Ein-/ Auswechslungsdialog von Werkzeugen in das Fertigungssystem mußten die Ein-/Ausgabemasken des Bedien- und Anzeigesystems (Bild 6.4) erweitert bzw. zusätzliche Masken eingefügt werden.

Die Funktionen zur Steuerung des werkzeugbezogenen organisatorischen Informationsflusses bauen auf den bei der Werkzeugdisposition (Tabelle 4.1) erstellten Dateien auf. Dazu wurde der Funktionsbaustein interne Disposition um Module zur:

- werkzeugbezogenen Prüfung der Bearbeitungsvoraussetzungen (alle Werkzeuge zur Bearbeitung eines Auftrags verfügbar?) und

- Beauftragung von Werkzeugtransporten

erweitert.

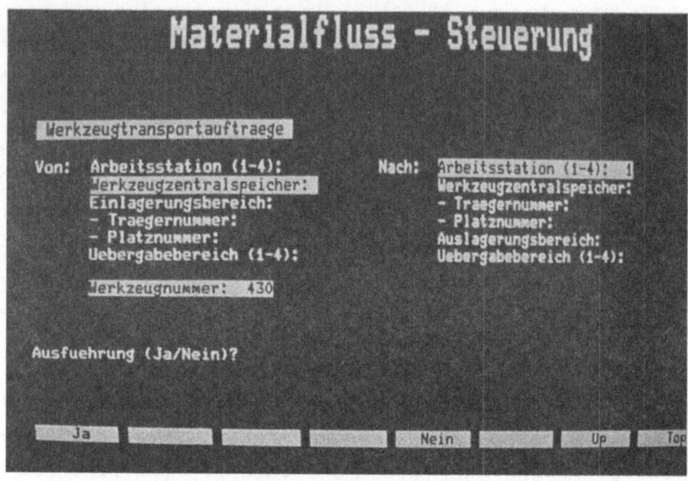

Bild 6.4:   Bedienmasken zur manuellen Eingabe eines Werk-
             zeugtransportauftrags.

Die Werkzeugtransportanforderungen werden im neu erstellten
Werkzeugflußbaustein ausgewertet und die entsprechenden
Transportbefehle generiert. Da der Werkstück- und der Werk-
zeugfluß von gerätetechnisch getrennten Systemen ausgeführt
wird, wurde aus Modularitätsgründen auf die Erweiterung des
Werkstücktransportbausteins verzichtet.

Zur Aktualisierung der Werkzeugzustandsdaten mußte der
Funktionsbaustein BDE um Funktionen zur:

- Lagerortaktualisierung (über Rückmeldungen der Werkzeugtransportgeräte) und

- Reststandzeitaktualisierung (aus den Meldungen NC-Programm "STOPP")

ausgebaut werden. Da eine Rückübertragung der aktuellen
Reststandzeit aus den Maschinensteuerungen aufgrund fehlen-

der Voraussetzungen (kein DNC-Interface oder "Fenster zur
SPS" /40/) nicht durchgeführt werden kann muß die Aktualisierung über den "geplanten" Standzeitbedarf aus den NC-
programmspezifischen Daten erfolgen.

Die Funktionen zur:

- Ermittlung der für eine Fertigungsperiode
  * benötigten Werkzeuge,
  * vorzubereitenden Werkzeuge,
- Erstellung der Dateien zur Steuerung des Werkzeugeinsatzes

wurden im neu erstellten Funktionsbaustein Werkzeugdisposition (Bild 6.5) realisiert. Zur Ermittlung der benötigten
Werkzeuge wird vorausschauend für die kommende(n) Ferti-
gungsperiode(n) der Werkzeugartbedarf berechnet. Aus Kosten-
gründen (Umlaufvermögen) ist der Werkzeugteilevorrat vor
allem von teuren Sonderwerkzeugen aber auch von Standard-
werkzeugteilen möglichst gering zu halten. Die Montage und
Vorbereitung von Werkzeugen erfolgen daher in der Regel jeweils für eine Fertigungsperiode im voraus. Da der Betrieb
der Pilotanlage im Dreischichtbetrieb bei nur einer Bedien-
schicht geplant wurde, ist der Werkzeugbedarf jeweils für
drei Fertigungsperioden (je 8 Stunden)(Bild 6 6) zu ermitteln.

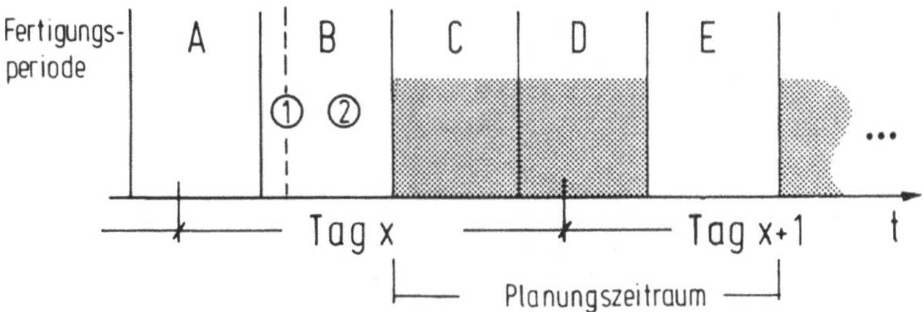

Bild 6.6:   Planungszeitraum der Pilotanlage.

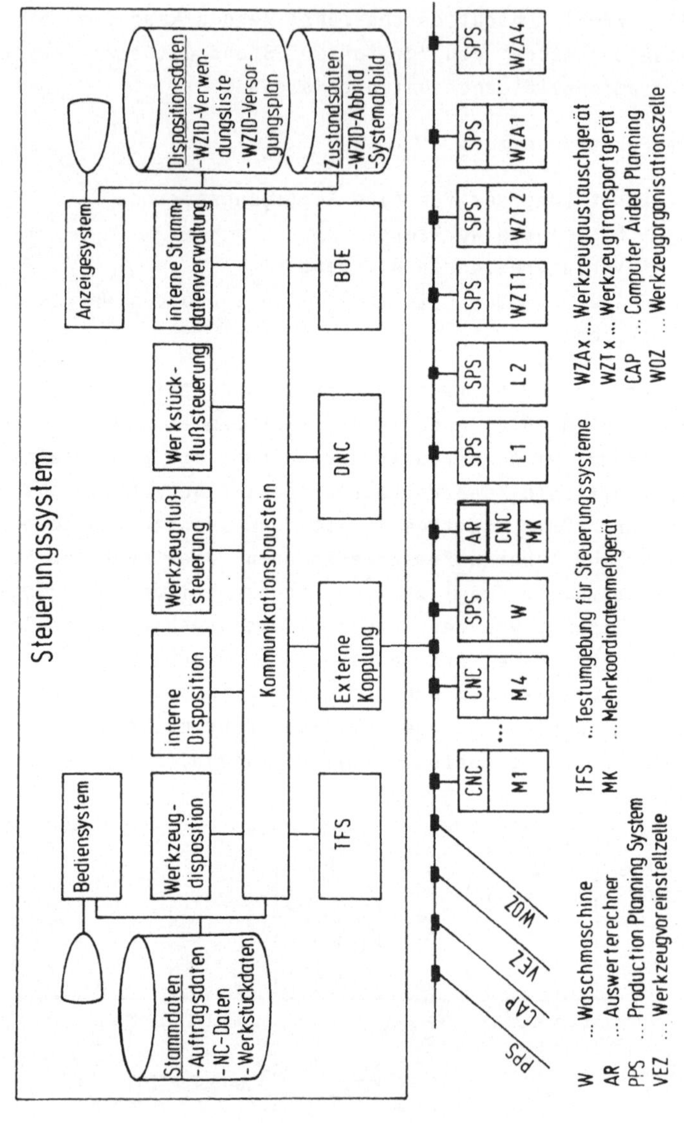

Bild 6.5:   Steuerungssystem der Pilotanlage.

Durch Addition des Werkzeugartbedarfs unter Berücksichtigung der vorgegebenen Verwendungsart wird der Werkzeugbruttobedarf pro Maschine ermittelt (Bild 6 7). Nach Abgleich mit nicht disponierten Werkzeugen in der Zelle, die noch eine entsprechende Reststandzeit aufweisen erhält man den

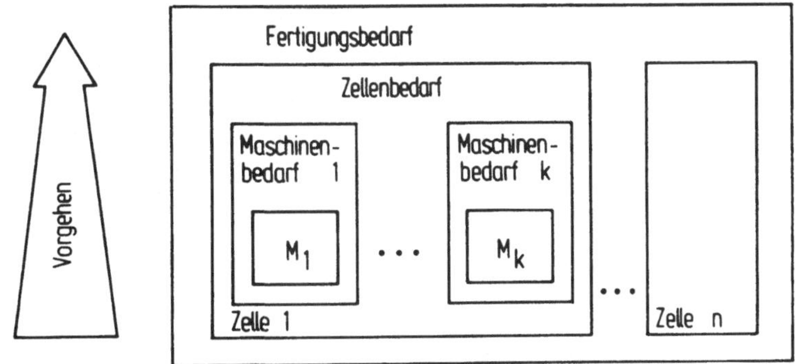

Bild 6.7:   Stufen der Werkzeugbedarfsermittlung.

Zellennettobedarf, der in Form der Einstelliste an die Voreinstellzelle übergeben wird. Parallel dazu erfolgt die Erstellung des Werkzeugversorgungsplans und der Verwendungsliste (siehe Abschnitt 6.3.3).

6.3 Vorgehen bei der Erstellung der werkzeugbezogenen Dateien für Steuerungssysteme

Wie in Kap. 4.1.2. analysiert benötigt das Steuerungssystem zur Steuerung und Überwachung des organisatorischen Informationsflusses sowie zur Steuerung der Werkzeugversorgung nachfolgend aufgeführte Dateien, die vom Funktionsbaustein Werkzeugdisposition erstellt werden.

- WZID-Versorgungsplan
  * Definition des Bereitstellungstermins und der geplanten Einsatzfolge eines Werkzeugs,

- WZID-Verwendungsliste
  * Definition der zulässigen Einsatzmöglichkeiten unter
    Angabe der NC-programmbezogenen Einsatzdaten
- Einstelliste
  * fertigungsperiodenbezogener Werkzeugartbedarf,
  * Bereitstellungstermine.

Grundlage für das Erstellen der Dateien (Bild 6.8) bilden
der Werkzeugbelegungsplan und die NC-programmspezifischen
Werkzeugdaten, deren Ermittlung nachfolgend kurz erläutert
wird.

6.3.1 Ermittlung der NC-programmspezifischen Daten

Im Rahmen der NC-Programmerstellung werden die benötigten
Werkzeuge zur Erfüllung bestimmter Zerspanoperationen festgelegt. Die Einsatzbedingungen werden dabei über die Dreh-
zahl (S), den Vorschub (F) sowie die jeweilige Schnittiefe
(über die Koordinaten X,Y,Z) definiert. Über eine Verweisliste muß bei älteren Steuerungen die Zuordnung zwischen der
Werkzeugadresse (T-Nummer) und der Werkzeugartnummer sowie
den Soll-Maßen (siehe Kap. 4) erfolgen. Die Angaben der Verweisliste reichen jedoch, wie in Abschnitt 4 1.2 dargestellt, bei weitem nicht aus. Zur Ermittlung des Werkzeugbedarfs von Ersatzwerkzeugen und zur Einsatzüberwachung sind
für jede Zerspanoperation weitere werkzeugartbezogene Daten
wie z.B:

- Standzeitbedarf / Standzeitfaktor,
- Einsatzdauer,
- Bruchrisikofaktor,
- Soll-Maße,
- Werkzeugadresse und Korrekturschalternummern und
- Einfahrkennungen

bereitzustellen. Da eingesetzte NC-Programmiersysteme nur
mit großem Aufwand um Bausteine zur Ermittlung von Teilen
dieser Daten erweitert werden können wurde ein separat

einsetzbarer NC-Programminterpreter (Bild 6 8) realisiert.
Die Interpretation des NC-Programms nach DIN 66025 geschieht
dabei im Dialog in mehreren Stufen:

- Vorgabe des Werkstückmaterials sowie des Behandlungszu-
  stands der Oberfläche (z.B. gegossen gewalzt, vorbe-
  arbeitet). Der Zerspanindex kann über diese Angaben aus
  einer Tabelle ermittelt werden. Standardmäßig wird bei
  der Bearbeitung von einem nicht unterbrochenen Schnitt
  ausgegangen. Die Korrekturwerte können jedoch jederzeit
  entsprechend im Dialog verändert werden.
- Satzweise Interpretation des NC-Programms, dabei
  Ermittlung:
  * der Werkzeugadresse,
  * der Spindeldrehzahl,
  * des Vorschubs,
  * der Verfahrwege und
  * der Wegbedingungen.

Aus den Angaben der Verweisliste und den Werkzeugstammdaten werden die Informationen wie z.B. Werkzeugartnum-

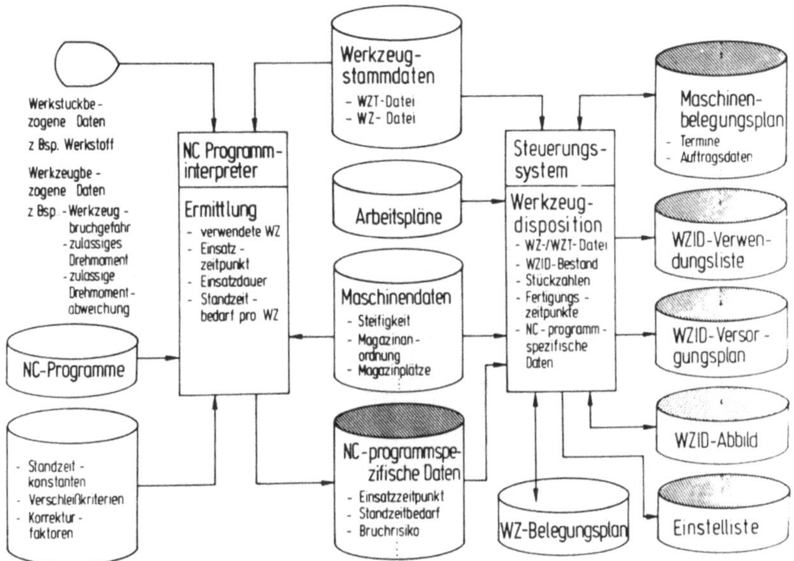

Bild 6.8:   Erstellen der Dateien.

mer, Soll-Maße, Werkzeugdurchmesser und Schneidstoffcode
ermittelt und bei Wegbedingungen G01 G02 oder G03 die
Schnittgeschwindigkeit sowie die Einsatzzeit errechnet.
Eine Untersuchung bekannter Standzeitgleichungen ergab,
daß die erweiterte Standzeitgleichung nach Taylor /72/
die besten Ergebnisse bei vertretbarem Aufwand liefert.
Über diese Gleichung (Bild 6.9) wird dann arbeits-
schrittspezifisch der Standzeitbedarf (Bild 6.10) ermittelt. Da z.B. bei Werkstücken mit hoher Bearbeitungszeit (bis 2 Tage) nicht alle Werkzeuge bei Bearbeitungs-
beginn verfügbar sein müssen, wird zusätzlich der Ein-

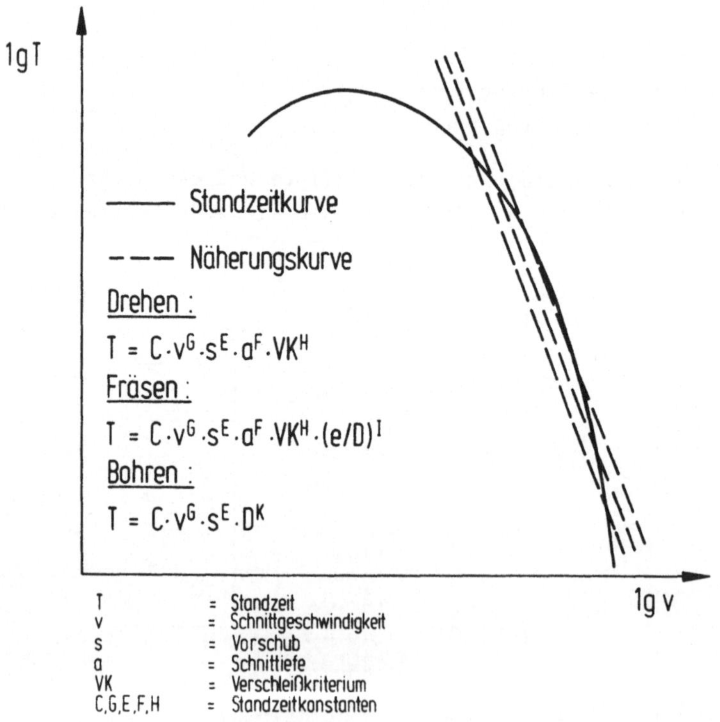

$$T = C \cdot v^G \cdot s^E \cdot a^F \cdot VK^H$$

$$T = C \cdot v^G \cdot s^E \cdot a^F \cdot VK^H \cdot (e/D)^I$$

$$T = C \cdot v^G \cdot s^E \cdot D^K$$

Bild 6.9:   Erweiterte Standzeitgleichung nach /72/.

satzzeitpunkt bezogen auf den NC- Programmstart festge-
halten.

- Einfügen der einsatzfallspezifischen Daten wie z.B. der
Bruchrisikofaktoren oder Einfahrkennungen im Dialog.
Über ein Zustandswort kann darüber hinaus die Verwendung des Werkzeugs für Bearbeitungen gesperrt werden.
Diese Funktion wird vor allem bei speziell eingestellten Sonderwerkzeugen für hochgenaue Bearbeitungsopera-
tionen benötigt.

```
N-Spindel       :        512     Vorschub       :        0.240
Einsriffszeit:         0.071 MIN Verschleiss    :        0.115 %
Standzeit       :     61.706 MIN (Entspricht 100%)

WERKZEUGNR.     : ZD022031 EINWECHSELZEITPUNKT        1.515 MIN NACH BEARBEITUNGSBEGINN
BEARBEITUNG     : I_DREHEN       WZ-MAT         : P20/25       WZ-DURCHM.   :        0.000
ZSP-INDEX       :        3
KONST_C         :    478.000     EXP_F          :     -0.110  EXP_E         :      -0.240
EXP_G           :     -0.320
A_MIN           :      1.000     A_MAX          :     12.000
S_MIN           :      0.150     S_MAX          :      1.200
T_MIN           :      6.000     T_MAX          :    100.000

N-Spindel       :        280     Vorschub       :        0.240
Einsriffszeit:         0.153 MIN Verschleiss    :        0.984 %
Standzeit       :     15.513 MIN (Entspricht 100%)

N-Spindel       :        280     Vorschub       :        0.150
Einsriffszeit:         0.025 MIN Verschleiss    :        0.086 %
Standzeit       :     28.619 MIN (Entspricht 100%)

N-Spindel       :        492     Vorschub       :        0.240
Einsriffszeit:         0.057 MIN Verschleiss    :        0.431 %
Standzeit       :     60.162 MIN (Entspricht 100%)

WERKZEUGNR.     : ZD021005 EINWECHSELZEITPUNKT        1.855 MIN NACH BEARBEITUNGSBEGINN
BEARBEITUNG     : I_DREHEN       WZ-MAT         : P20/25       WZ-DURCHM.   :        0.000
ZSP-INDEX       :        3
KONST_C         :    600.000     EXP_F          :     -0.100  EXP_E         :      -0.180
EXP_G           :     -0.320
A_MIN           :      1.000     A_MAX          :     10.000
S_MIN           :      0.100     S_MAX          :      1.000
T_MIN           :      6.000     T_MAX          :     10.000

N-Spindel       :        707     Vorschub       :      140.240
Einsriffszeit:         0.176 MIN Verschleiss    :        4.5700 %
Standzeit       :     26.913 MIN (Entspricht 100%)

GESAMTE BEARBEITUNGSZEIT BETRAEGT:        2.477 MIN

WERKZEUGNUMMER  : ZD021022  GESAMTVERSCHLEISS :     0.61 %   STANDMENGE :      163 STK
WERKZEUGNUMMER  : ZD151104  GESAMTVERSCHLEISS :     0.12 %   STANDMENGE :      833 STK
WERKZEUGNUMMER  : ZD111001  GESAMTVERSCHLEISS :     0.42 %   STANDMENGE :      238 STK
WERKZEUGNUMMER  : ZD021026  GESAMTVERSCHLEISS :     0.65 %   STANDMENGE :      153 STK
WERKZEUGNUMMER  : ZD022031  GESAMTVERSCHLEISS :     1.49 %   STANDMENGE :       67 STK
WERKZEUGNUMMER  : ZD021005  GESAMTVERSCHLEISS :     4.57 %   STANDMENGE :       21 STK
```

Bild 6.10:   Ergebnis einer Standzeitberechnung.

6.3.2 <u>Werkzeugbelegungsplanerstellung</u>

Die Basis für die Werkzeugdisposition stellt die Verteilung
der Aufträge auf die Fertigungseinrichtungen sowie deren
grobe Bearbeitungszeitpunkte dar. Diese Daten sind Inhalt
des Maschinenbelegungsplans. Aus den Vorgaben der Produktionsplanung und -steuerung, die die zu fertigenden Werkstücke für eine Fertigungsperiode festlegt, wird über einen eigens zur off-line Reihenfolgeplanung entwickelten Pro-
grammbaustein /40/ ein Maschinenbelegungsplan erstellt. Da
die Fertigungseinrichtungen der Pilotanlage steuerungsbe-
dingt nicht hauptzeitparallel mit Werkzeugen versorgt werden
können und somit bei einer Teilemixfertigung ständig Rüst-
zeiten entstehen, wird bei der Maschinenbelegungsplanung
versucht, vom Werkzeugbedarf her ähnliche Werkstücke in
Folge auf einer Fertigungseinrichtung einzuplanen.

Aufbauend auf den Maschinenbelegungsplan wird der temporäre
Werkzeugbelegungsplan generiert. Der Werkzeugbelegungsplan
stellt eine Erweiterung des Maschinenbelegungsplans dar. Die
benötigten Informationen zur Erstellung sind Teil der NC-
programmspezifischen Daten. Maschinenbezogen werden zu jeder
Bearbeitung, spezifiziert durch die Auftrags- und Arbeits-
vorgangsnummer (AVO-Nr.) oder die NC-Programmnummer (NCP),
aus den NC-programmspezifischen Werkzeugdaten die eingesetzten Werkzeugarten und deren errechneter Standzeitbedarf
sowie die relativen Einsatzzeitpunkte (TA_rel, TE_rel) ermittelt und in den Werkzeugbelegungsplan (Bild 6.11) eingetragen. Man erhält somit eine Zuordnung von Werkzeugarten zu
Bearbeitungsaufgaben über der Zeit.

Durch einfache Sortiervorgänge kann der Werkzeugbelegungsplan maschinen- oder werkzeugbezogen (Bild 6.12) aufgelistet
werden.

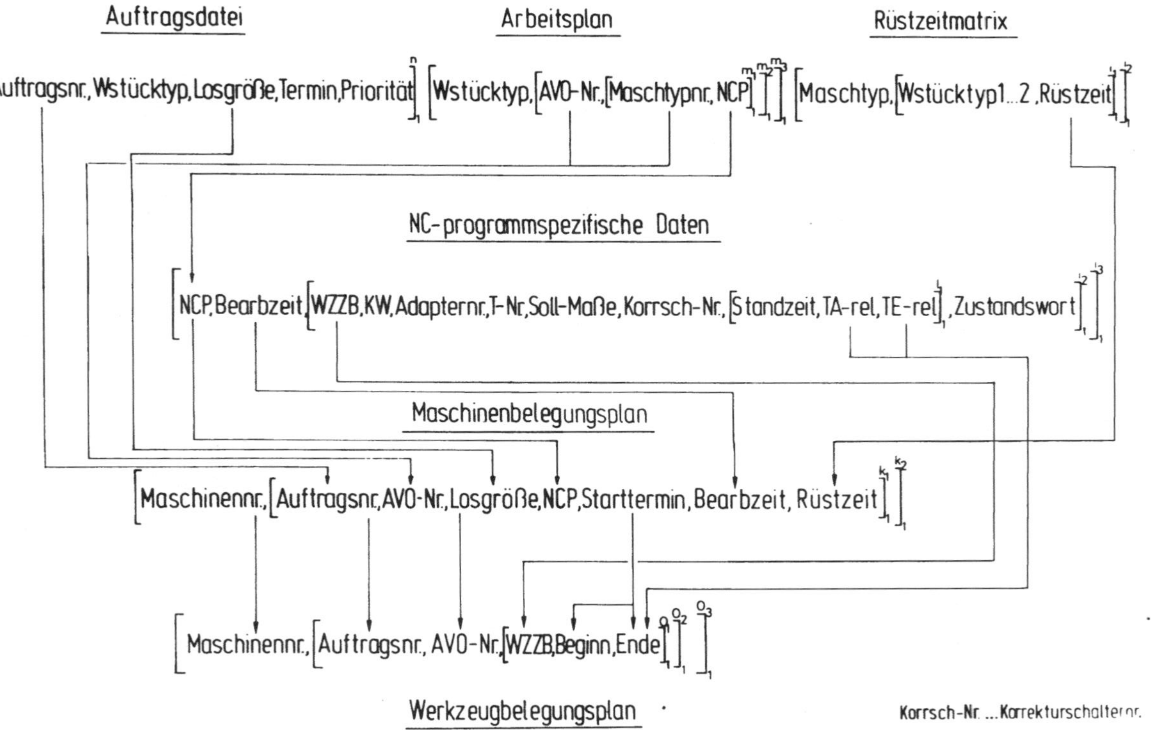

Bild 6.11: Informationsfluß zur Erstellung des Maschinen- und Werkzeugbelegungsplans.

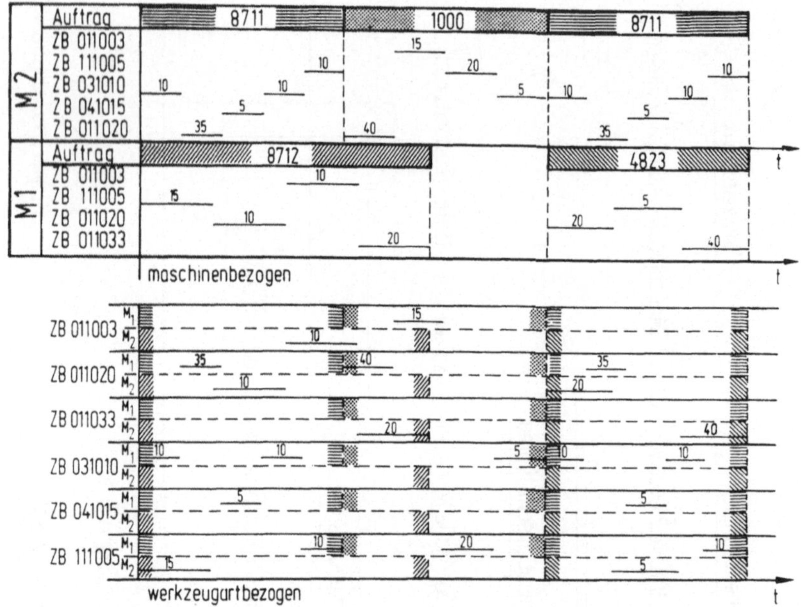

Bild 6.12:   Ausschnitte aus einem Werkzeugbelegungsplan.

6.3.3 Erstellen der Werkzeugverwendungsliste des -versorgungsplans und der Einstelliste

Je nach Vorgabe der Fertigung wird aus dem Werkzeugbelegungsplan der Werkzeugbedarf ermittelt und parallel die Werkzeugverwendungsliste und der -versorgungsplan erstellt. Bei der Bedarfsermittlung selbst sind Abhängigkeiten vom Automatisierungsgrad des Werkzeugflusses sowie von Fertigungsstrategien zu beachten. Folgende drei Vorgehensweisen bestehen:

I) Jedes Werkzeug wird zur Fertigung eines Werkstücktyps auf einer Maschine bereitgestellt.

II) Verwendung eines Werkzeugs auf einer Maschine zur Bearbeitung unterschiedlicher Werkstücktypen.

III) Werkzeuge können zeitversetzt auf beliebigen Maschinen
    zur Bearbeitung unterschiedlicher Werkstücktypen ein-
    gesetzt werden.

Die drei Vorgehensweisen unterscheiden sich in der Ermittlung der Werkzeugartanzahl. Maschinen mit zwei Werkzeugmagazinen z.B. Drehmaschinen mit zwei Supporten werden dabei wie
zwei getrennte Maschinen betrachtet. Die Vorgehensweisen I
und II spielen bei der Ermittlung des Maschinenbedarfs eine
Rolle, während Vorgehensweise III bei der Zellenbedarfser-
mittlung berücksichtigt werden muß.

Im Fall I) wird für jede Maschine der werkzeugartspezifische
(bei Bearbeitung eines Werkstücktyps in mehreren Aufspan-
nungen der werkzeugart- und arbeitsvorgangspezifische) Werkzeugbedarf durch Aufsummieren des Standzeitbedarfs (Bild
6.13 und 6.16) pro Werkzeugart ermittelt.

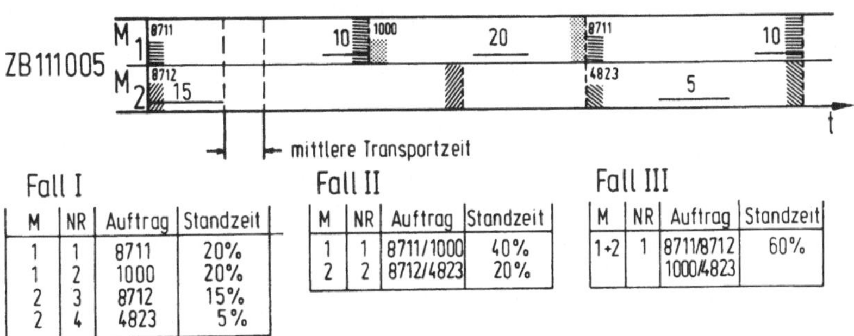

Fall I

M	NR	Auftrag	Standzeit
1	1	8711	20%
1	2	1000	20%
2	3	8712	15%
2	4	4823	5%

Fall II

M	NR	Auftrag	Standzeit
1	1	8711/1000	40%
2	2	8712/4823	20%

Fall III

M	NR	Auftrag	Standzeit
1+2	1	8711/8712 1000/4823	60%

Bild 6.13: Auszug aus der Werkzeugbedarfsermittlung.

Im Fall II) erfolgt die Bearbeitung von Auftrag 8711 und
1000 (Bild 6.13) mit einem Werkzeug (ZB111005). Die benötigte Werkzeuganzahl reduziert sich somit beträchtlich.
Prinzipiell ist jedoch darauf zu achten daß die jeweils
verbleibende Reststandzeit zur kompletten Ausführung eines
Bearbeitungsschrittes ausreicht. Ist dies nicht der Fall
ist ein Schwesterwerkzeug vorzusehen und entsprechend einzu-
setzen.

Im Fall III), bei dem zusätzlich Werkzeuge zwischen den Maschinen ausgetauscht werden können vermindert sich die Werkzeugzahl weiter. Unter der Voraussetzung daß genügend Zeit zwischen den Bearbeitungen zur Verfügung steht kann das Werkzeug ZB111005 für alle Bearbeitungen auf beiden Maschinen eingesetzt werden. Anhand des einfachen Beispiels wird jedoch deutlich, daß im Fall III zwar die benötigte Werkzeugzahl und damit auch die Zahl der Werkzeugteile am geringsten ist und die zur Verfügung gestellte Werkzeugstandzeit am besten ausgenutzt wird. störungsbedingte Verschiebungen der Abarbeitungsreihenfolge jedoch sehr schnell zu einem werkzeugbedingten Stillstand einer Fertigungseinrichtung führen können. Im Fall I) ist das Stillstandsrisiko am geringsten, der Bedarf an Werkzeugen jedoch auch am größten. Aus diesem Grund wird der Werkzeugbedarf standardmäßig nach Fall II) ermittelt. Über die Angaben im Werkzeugzustandswort in den NC-programmspezifische Daten kann für einzelne oder alle Werkzeuge sowohl Fall I) (z.B. für hochgenaue Passungen) als auch Fall III) (z.B: für teure Sonderwerkzeuge) spezifiziert werden.

Bei der Berechnung des werkzeugartspezifischen Standzeitbedarfs sind angegebene Bruchrisikofaktoren zu berücksichtigen und eine entsprechende Zahl an Schwesterwerkzeugen einzuplanen.

Danach kann mit der Erstellung der Dateien begonnen werden. Da an der Pilotanlage disponible Werkzeuge nur im zentralen Werkzeuglager des Fertigungssystems gespeichert werden entspricht der ermittelte Werkzeugbruttobedarf dem Einstellbedarf. Bei Anlagen. bei denen aus Platzgründen disponible Werkzeuge in der Voreinstelle gelagert werden. ist die Ermittlung des Einstellbedarfs Aufgabe des Voreinstellzellenrechners. Die Vergabe neuer Werkzeugidentnummern kann bei diesen Anlagen daher ebenfalls erst in der Voreinstellzelle erfolgen. Bild 6.14 zeigt die Bedarfsermittlung für Vorgehensweise II.

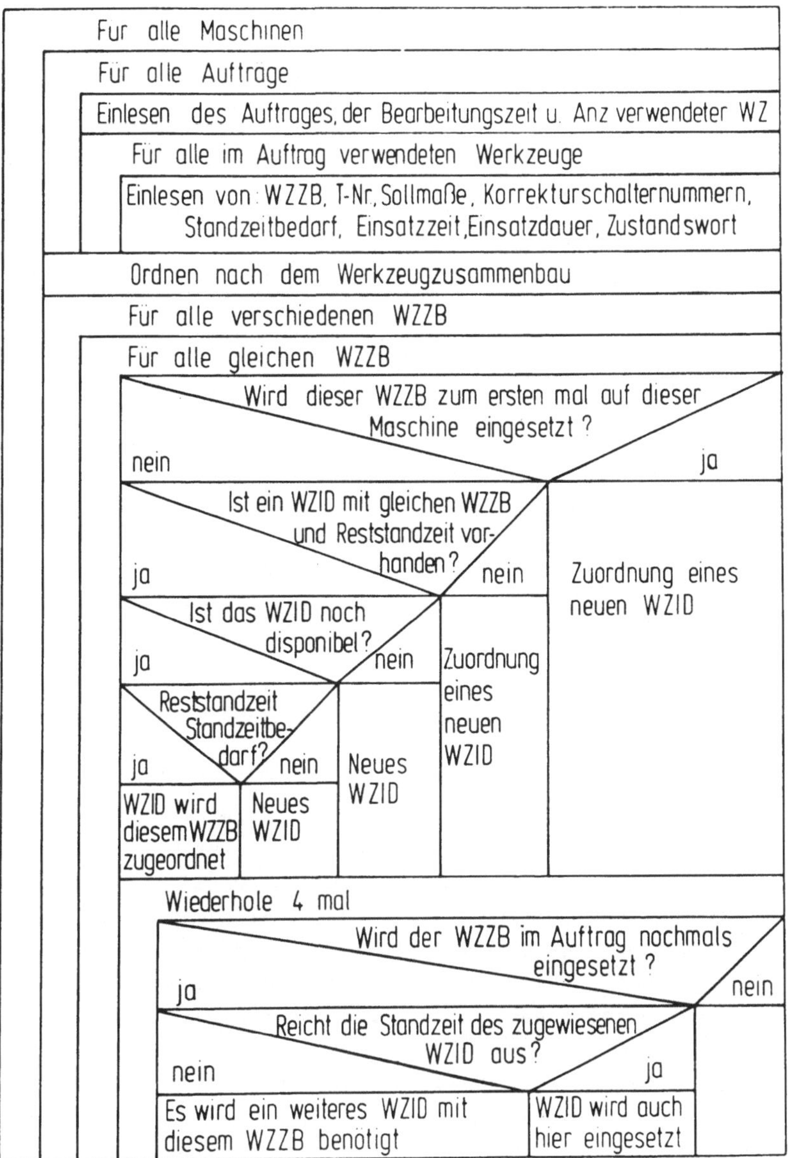

Bild 6.14:   Werkzeugbedarfsermittlung für Vorgehensweise II.

Aufbauend auf diese Daten ist im nächsten Schritt die Werkzeugverwendungsliste und der Werkzeugversorgungsplan zu erstellen. Den Informationsfluß zur Generierung der oben beschriebenen Dateien verdeutlicht Bild 6.15

- WZID-Versorgungsplan (Bild 6.16).
  Für jedes Werkzeug wird der geplante Einsatz auftrags-,
  arbeitsvorgangs- und maschinenspezifisch definiert.
  Zusätzlich zum geplanten Einsatzzeitpunkt erfolgt der
  Eintrag des voraussichtlichen Standzeitbedarfs.

WZID		AUFTRAGNR.		AVO-NR.		MASCHINENNR.		BEARBEITUNGSZEIT ANFANG	I	ENDE	I	STANDZEITBEDARF (%)	I	RESTSTANDZEIT (%)	I
4231	I	1000.1	I	2	I	1	I	55642	I	64283	I	15	I	85	I
4232	I	8712.1	I	20	I	2	I	3350	I	5625	I	10	I	90	I
4326	I	8711.1	I	3	I	1	I	3760	I	4700	I	10	I	90	I
4326	I	1000.1	I	2	I	1	I	7292	I	8156	I	20	I	70	I
4326	I	8711.2	I	3	I	1	I	12780	I	13720	I	10	I	60	I
4327	I	8712.1	I	20	I	2	I	0	I	1875	I	15	I	85	I
4327	I	4823.1	I	1	I	2	I	10020	I	12080	I	5	I	80	I
4328	I	8711.1	I	3	I	1	I	0	I	940	I	10	I	90	I
4328	I	8711.1	I	3	I	1	I	2700	I	3760	I	10	I	80	I
4328	I	1000.1	I	2	I	1	I	8156	I	9020	I	5	I	75	I
4328	I	8711.2	I	3	I	1	I	9020	I	9960	I	10	I	65	I
4328	I	8711.2	I	3	I	1	I	11720	I	12780	I	10	I	55	I
4329	I	8711.1	I	3	I	1	I	1800	I	2700	I	5	I	95	I
4329	I	8711.1	I	3	I	1	I	10820	I	11720	I	5	I	90	I
4330	I	8711.1	I	3	I	1	I	940	I	1800	I	35	I	65	I
4330	I	1000.1	I	2	I	1	I	4700	I	5864	I	40	I	25	I
4331	I	8711.1	I	3	I	1	I	9960	I	10820	I	35	I	85	I
4332	I	8712.1	I	20	I	2	I	1875	I	3350	I	10	I	90	I
4332	I	4823.1	I	1	I	2	I	9020	I	10020	I	20	I	70	I
4333	I	8712.1	I	20	I	2	I	5625	I	6700	I	20	I	80	I
4333	I	4823.1	I	1	I	2	I	12080	I	13720	I	40	I	60	I

Bild 6.16:   Ausschnitt aus einem Werkzeugversorgungsplan.

- WZID-Verwendungsliste.
  Für alle Arbeitsvorgänge für die das Werkzeug einsetz-
  bar sein soll, wird bezogen auf den jeweiligen Einsatz
  die Zuordnung zwischen Werkzeugidentnummer und der Werkzeugadresse sowie die Korrekturschalternummern und die
  Soll-Maße abgespeichert. Falls die T-Nummer aus der
  WZID-Nummer ableitbar ist und die Korrekturmaße den Ist-
  Maßen entsprechen, entfallen diese Angaben. Dies ist
  immer bei der Programmierung mit Werkzeuglänge und
  -durchmesser Null der Fall. Die Eintragungen von Angaben zur Einsatzüberwachung, wie z.B. maximal zulässiges
  Drehmoment und Hüllzylinder zur Kollisionsüberwachung
  erfolgen optional.

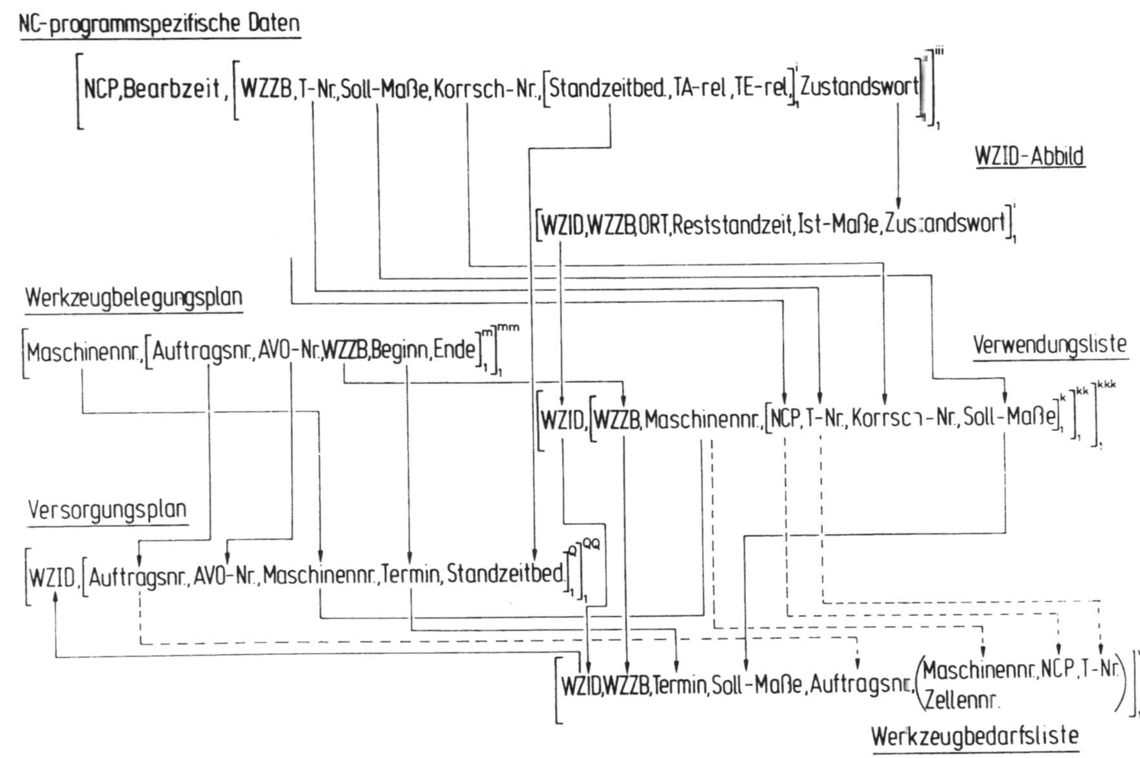

Bild 6.15: Vereinfachte Darstellung des Informationsflusses zur Generierung der Dateien.

Über Dialogprogramme kann die Mehrfachbenutzung eines
Werkzeugs gesperrt werden obwohl diese auf Grund der
Werkzeugartnummern möglich wäre. Dies ist bei Werkzeugen vorteilhaft, die für hochgenaue Bearbeitungen ein-
gefahren werden. Benötigt man in der Fertigung z.B.
wegen eines Werkzeugbruchs kurzfristig ein Ersatzwerkzeug, so kann über die Auftragspriorität vom nieder-
priorsten Auftrag ein Werkzeug abgezogen werden.

7 Realisierung einer Werkzeugorganisations- und Werkzeugvoreinstellzelle

Wie in Abschnitt 6.1.2 beschrieben, sind die Funktionen zur Stammdatenverwaltung, zur Organisation der Zugriffe auf die Stammdaten sowie zur Werkzeugmontage und -voreinstellung in der Werkzeugorganisations- und Werkzeugvoreinstellzelle zu realisieren. Am Beispiel des im Rahmen der Arbeit entwickelten Werkzeugorganisationssystem ISWO (Integriertes Werkzeugorganisationssystem /61/) wird zuerst der Aufbau der Funktionen zur Datenverwaltung erläutert, bevor auf die Realisierung der Werkzeugvoreinstellzelle eingegangen wird.

7.1 Aufbau von ISWO

Um eine Integration in den betrieblichen Informationsfluß mit Blickrichtung auf eine rechnerunterstützte Produktion (CIM) zu ermöglichen, wurde bei der Realisierung von ISWO eine erweiterungsfähige Schalenstruktur (Bild 7.1) gewählt. Der Kern repräsentiert dabei die Struktur der Werkzeugdaten (Relationen) und die darin enthaltenen Werkzeugdaten (siehe Abschnitt 5.2). Die Speicherverwaltung und der Datenzugriff erfolgen über das Datenbankverwaltungssystem (DBMS). Da die eingesetzte Datenbank nur für interaktive Operationen eine Zugriffssprache ("query-language") bereitstellte, wurde im Rahmen der Arbeit eine datenbankunabhängige Prozedurschnittstelle entwickelt, über die sämtliche Funktionen der Datenbank angesprochen werden können. Auf diese Prozedurschnittstelle sind in einer weiteren Schale z.Z. die nachfolgend aufgeführten Grundfunktionen aufgesetzt:

- Werkzeugstammdateneingabe,
- Werkzeugstammdatenausgabe,
- Anfragen (Suchfunktionen),
- Werkzeugbilddefinition und -verwaltung sowie
- Dienstprogramme zur Ausgabe von Listen und zur Überprüfung der Datenkonsistenz.

In den einzelnen Funktionsbereichen des Werkzeugwesens benötigte Daten können so zum einen interaktiv über bereichs-
spezifische Dialogprogramme und zum anderen automatisch
durch einen direkten Zugriff auf die Datenbasis abgefragt
werden.

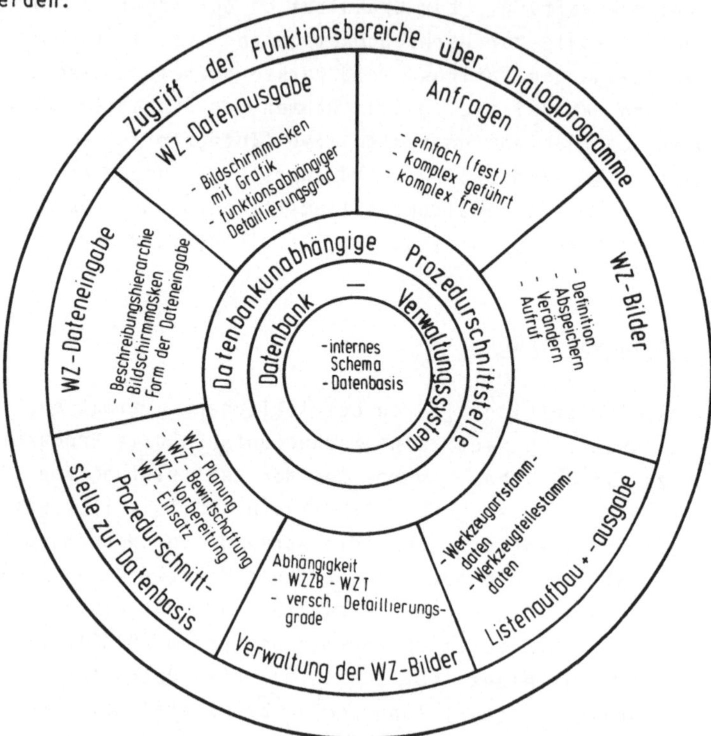

Bild 7.1:   Aufbau des Werkzeugverwaltungssystems ISWO.

Als Datenbasis wurden Werkzeugstammdaten von Bohr- und Fräswerkzeugen implementiert, die in der Pilotanlage zum Einsatz
kommen. Werkzeugartspezifisch sind die benötigten Stammdaten
für:

- Werkzeugeinsatz
  * werkzeugartspezifische Einsatzdaten (Tabelle 4.2),
- Werkzeugmontage und -voreinstellung
  * Stückliste,

    * Geometrie- und Technologiedaten
    * Einstellbereiche, Montageanweisungen
  - Werkzeugplanung
    * NC-programmiersystemspezifische Daten

abgelegt. Die Stammdaten wurden entsprechend den in Abschnitt 5.2 genannten Strukturierungsregeln unter Beachtung der in Abschnitt 5.3 aufgezeigten Randbedingungen in unterschiedliche Relationen (Tabelle 7.1) aufgeteilt. Werkzeugteilespezifische Stammdaten wie z.B. die Schneidengeometrie, der Schneidstoffcode oder das Werkzeugartgewicht sind redundant abgelegt (siehe Abschnitt 5.3). Um bei der Werkzeugeinsatzplanung (Funktionsbereich Werkzeugplanung) Werkzeuge

```
Relation: WZZB
  - Beschreibung der Werkzeugartgeometrie und -technologie.
  - Schlüssel:   WZZB (ZNR1,ZNR2,ZNR3) ... Werkzeugartnummer,
                 WZBZ ... Werkzeugbezeichnung (z.B. Spiralbohrer),
                 SSCO ... Schneidstoffcode,
                 SFAK ... maximale Schnittgeschwindigkeit,
                 SZVL ... maximaler Vorschub,
                 XL   ... Werkzeuglänge,
                 L1   ... Einsatzlänge,
                 D1   ... Durchmesser der 1. Stufe.
  - Attribute:   Schneidengeometrie, Verstellbereiche, Hüllkörper...

Relation: ADVW
  - Zuordnung der Werkzeugart / Adapter
  - Schlüssel:   WZZB (ZNR1,ZNR2,ZNR3) ... Werkzeugartnummer,
  - Attribute:   ADNR (ADN1,ADN2,ADN3) ... Adapternummer
                 BINA ... Bildname

Relation: SLVL
  - Zuordnung der Werkzeugart / Verlängerung
  - Schlüssel:   WZZB (ZNR1,ZNR2,ZNR3) ... Werkzeugartnummer,
  - Attribute:   VLNR (VLN1,VLN2,VLN3) ... Verlängerungsnummer
                 BINA ... Bildname

Relation: SKVW
  - Zuordnung der Werkzeugart / Schneidkörper
  - Schlüssel:   WZZB (ZNR1,ZNR2,ZNR3) ... Werkzeugartnummer,
  - Attribute:   SKNR (SKN1,SKN2,SKN3) ... Schneidkörpernummer.
                 BINA ... Bildname

Relation: MONT
  - Beschreibung der Montage-, Einstell- Prüfanweisungen
  - Schlüssel:   WZZB (ZNR1,ZNR2,ZNR3) ... Werkzeugartnummer,

  - Attribute:   Kontrollmaße, Montagehinweise...

Relation: NCPS
  - Zuordnung Werkzeugart/ NC-programmiersystemspezifischen Daten
  - Schlüssel:   WZZB (ZNR1,ZNR2,ZNR3) ... Werkzeugartnummer,
  - Attribute:   EXAPT spezifische Daten a.B. Werkzeugauswahlcode...
```

Tabelle 7.1:   Relationen zur Werkzeugartbeschreibung.

nach geometrischen und technologischen Kriterien gezielt innerhalb eines bestimmten Werkzeugtyps selektieren zu können
setzen sich die Werkzeugart- sowie alle Baugruppen- und Einzelteilnummern aus drei Teilen (Verbundnummernsystem) zusammen:

- zweistellige Werkzeugartkennung (ZNR1) z.B. ZB = Zusammenbau Bohrer,
- dreistellige Klassifikationsnummer (ZNR2) z.B. 011: 01 =
  Spiralbohrer, 1 = normaler Werkstoff) und
- dreistellige Zählnummer (ZNR3)

Diese drei Angaben (Attribute der Relationen) bilden gemeinsam den Primärschlüssel vieler Relationen. Da datenbankin-
tern dieser zusammengesetzte Primärschlüssel zu drei "FIND"
Aufrufen mit anschließendem Listenvergleich führt, bedeutet
dies bei der Selektion von Daten über die Werkzeugartnummer
eine mehr als dreifach höhere Zugriffszeit. Eine bessere
Lösung stellt daher die Verwendung einteiliger Werkzeugart-
und Einzelteilnummern ergänzt um die redundante Speicherung
der klassifizierenden Nummernteile dar. Durch die offene
Systemstruktur können mit vertretbarem Aufwand alternative
Werkzeugartnummern sowie zusätzliche Attribute (zur Pro-
grammlaufzeit) meist ohne Änderung bestehender Programme
implementiert werden.

7.1.1 Bedienoberfläche

Da der Bedienkomfort einen entscheidenden Einfluß auf die
Akzeptanz eines Systems besitzt, sind alle Funktionen von
ISWO über Bedienmasken mit farbgrafischen Werkzeugskizzen
zu aktivieren. Dabei wurden die Kriterien für eine benutzer-
freundliche Gestaltung der Bedienoberfläche bezüglich der:

- Flexibilität (Berücksichtigung unterschiedlicher Bedürf-
  nisse des Benutzers z.B. freie oder geführte Anfrage),
- Transparenz (einheitlicher Bildschirmaufbau und ständige
  Auskunft über Eingabemöglichkeiten),

- leichte Anwendbarkeit und Erlernbarkeit (z.B. durch Klar-
  textmasken, Softkeys),
- Unterstützung bei Problemlösungen (z.B. Werkzeugauswahl
  über komplexe Anfragen)

berücksichtigt und die Bildschirmmasken (Bild 7.2) dement-
sprechend aufgebaut.

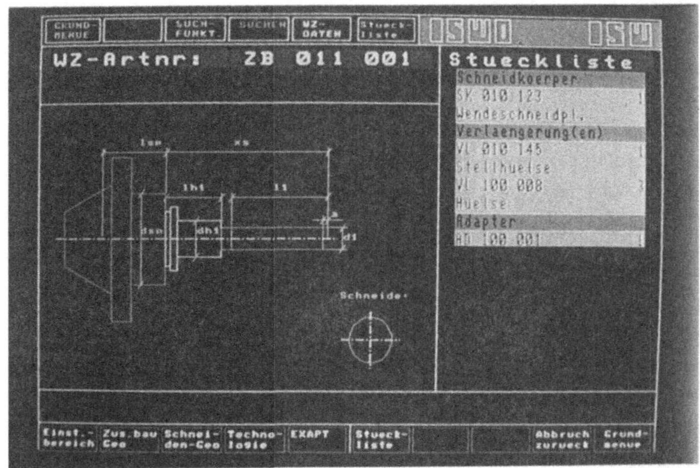

Bild 7.2: Aufbau der Bildschirmmaske zur Anzeige der werk-
           zeugartbezogenen Stückliste.

Über einen hierarchisch strukturierten Bedienbaum wählt der
Benutzer die gewünschte Funktion an. Im Bedienbaum besteht
innerhalb einer Grundfunktion die Möglichkeit. um eine Ebene
nach oben oder unten zu springen. Die in der aktuelle Grundfunktion bereits durchlaufenen Ebenen werden in der Status-
zeile ständig angezeigt und aktualisiert. Dadurch bleibt
auch ein komplexer Bedienbaum für den Benutzer transparent.

Die Verzweigungsmöglichkeiten in die darunterliegende Ebene sind in der Softkeyzeile jeweils aktuell dargestellt. Zum schnellen Wechsel der Grundfunktionen ist der Rücksprung in das Grundmenü jederzeit mit derselben Softkeytaste möglich. Ein Wechsel zwischen den Grundfunktionen kann aus Konsistenzgründen nur über das Grundmenü erfolgen. Die Ausgabe von Fehlermeldungen erfolgt immer über die Meldezeile (Bild 7.2), die direkt über der Softkeyzeile angeordnet ist.

Zur Unterstützung des Bedieners wird in den Bildschirmmasken zur Werkzeugstammdateneingabe bzw. -ausgabe eine Skizze des Werkzeugzusammenbaus oder des Einzelteils/ der Baugruppe dargestellt. Zur Generierung der Werkzeug- und Einzelteilbilder sind unterschiedliche Methoden realisierbar:

1) Für jedes Werkzeugteil und jede Werkzeugart wird ein separates Bild erstellt.
2) Bei jedem Werkzeugteilbild werden Bezugselemente (Punkte, Strecken) definiert, so daß Kombinationen automatisch (die Positionsverschiebungen und Maßstabsänderungsfaktoren sind berechenbar) generiert werden können.
3) Aus den Einzelteilbildern wird im Dialog jedes Zusammenbaubild generiert. Für jedes Bild sind beim ersten Aufbau im Dialog Positionsverschiebungen und Maßstabsänderungsfaktoren zu ermitteln und einzugeben.
4) Für die Zusammenbaudarstellung werden feste, senkrecht getrennte Bereiche für die einzelnen Komponenten definiert. Die Bilder der Teile werden automatisch in den vorgesehenen Bereich transformiert.
5) Die Teilebilder werden maßstabsgerecht konstruiert. Aus den Werkzeuggeometriedaten können die Maßstabsfaktoren berechnet und maßstäbliche Bilder aufgebaut werden. Zur Darstellung sind die Bilder auf die Fenstergröße anzupassen.

Methode 5) stellt zweifellos die eleganteste Lösung dar. Zur Realisierung sollten jedoch die Hilfsmittel eines CAD-Systems zur Eingabe und Modifikation der Bilder zur Verfügung stehen. Durch die z. Z. noch hohen Hard- und Softwarekosten

Kriterium	Methode 1 spezielle Bilder	Methode 2 Bezugselemente	Methode 3 Zusammenbau=f(x)	Methode 4 feste Bereiche	Methode 5 maßstäblich
Programmentwicklungs- aufwand	klein	groß	mittel	mittel	groß
Speicherplatzbedarf	groß	klein	klein	sehr klein	sehr groß
Beschreibungsaufwand Teilbild	gering	groß	gering	gering	groß
Beschreibungsaufwand Zusammenbaubild	groß	gering	mittel	gering	sehr gering
Aufwand, ein geändertes Teilbild in alle Zusammen- bauten einzubringen	sehr groß	gering	gering (Kontur mittel konst.)	gering	sehr gering
Überlappende Darstellung zweier Teile	möglich	möglich	möglich	unmöglich	unmöglich
Automatischer Aufbau von Zusammenbaubildern über Stückliste	nein	ja		begrenzt	ja
Flexibilität der Zusammen- baudarstellung (Anzahl der Teile, relative Lage)	voll flexibel	weitgehend flexibel	voll flexibel	unflexibel	weitgehend flexibel

Tabelle 7.2   Bewertung unterschiedlicher Methoden zur Generierung von Zusammenbaubildern.

wurde diese Lösung daher nicht weiterverfolgt. Bewertet man den Beschreibungsaufwand (Tabelle 7 2), den Speicherplatzbedarf sowie den Aufwand für die Änderung eines Werkzeugteils, so stellt Methode 3) den besten Kompromiß dar.

Zur Beschreibung der Werkzeugteilbilder wurde ein im Rahmen der Arbeit entwickelter Bildeditor in ISWO integriert. Zur Erstellung der Bilder stehen dem Bediener die nachfolgend aufgeführten Funktionen zur Verfügung:

- Bilderstellung
  * Zeichnen grafischer Grundelemente wie Punkt, Linie, Rechteck, Dreieck, Kreis, Ellipse, Schrift.
  * "Fang-Funktionen" zur Identifikation von grafischen Grundelementen am Bildschirm.
  * Zoomfunktionen zum Vergrößern, Verkleinern von Bildelementen und Bildausschnitten.
- Bildverwaltung
  * Kopieren, Löschen von Teil- und Zusammenbaubildern.
  * Erstellen von Zusammenbaubildern, vergrößern, verkleinern, verschieben von Teilbildern löschen einfügen von Bildelementen.

Bei der Bilderstellung können die benötigten Daten z.B. beim Kreis Mittelpunkt und Radius, über die Grafik (Fadenkreuz) oder alphanumerisch vorgegeben werden.

Die Einzelteilbilder werden in einer vom Ausgabegerät unabhängigen Form abgelegt. Um Speicherplatz zu sparen und einen schnellen Zugriff zu ermöglichen, wurden nur zwei Relationen (BIMI: Punkt, Linie, Kreis, Ellipse und BISC: Schriften) angelegt. Über den Bildnamen wird in der Zuordnungsrelation (Tabelle 7.3) die systeminterne Bildnummer ermittelt, die den Schlüssel zu den einzelnen Bildelementen darstellt. Aus den Stücklisten der Werkzeugteilebaugruppen (Adapter, Verlängerung(en), Schneidkörper) werden beim ersten Aufbau eines Bildes die aktuellen Bildnamen gelesen und unter Vorgabe von Verschiebungs- und Vergrößerungsfaktoren das Werkzeugbild aus den Teilbildern erstellt. In der Relation ZBBI

```
RELATION: ZBBI
- DEFINITION DER ZUSAMMENBAUBILDER.

 WZZB       POSNR.   BINR.   VINX    VINY    ZINX    ZINY
ZB011002     1       947      0       0      1.0     1.0
ZB011002     2        76     10      20      1.0     1.0
ZB011002     3        41     30      20      0.5     0.5
ZB011002     4        30     40      20      1.5     0.75
ZB011002     5        20     80       0      1.0     1.0
ZB021032     1       900      0       0      1.0     1.0


RELATION: BIMI
- BILDELEMENTE: PUNKT (10), LINIE (20), KREIS (30), ELLIPSE (40)

BILDNR    POSNR    KENNUNG    WERT1   WERT2   WERT3   WERT4   WERT5   WERT6   FARBE   IART
   30       1        10        200     200      0       0       0       0       2      1
   30       2        20        302     145     302     160      0       0       2      1
   30       3        20        302     145     410     145      0       0       5      1
   30       4        20        302     160     410     160      0       0       3      1
   30       5        30        100     100      10      30      60      -1       2      1
   40       1        20         10      30     100      30       0       0       2      1


RELATION: BISC
- BILDELEMENTE: SCHRIFTEN

BILDNR    POSNR    ZEICHEN    POSX    POSY    FARBE   IART   TEXT
  947       1         2        100      50      2       1    Xs
  947       2        18        750     200      1       1    Schneidengeometrie
  947       3         2        200     100      2       1    D1
  947       1        12         10      10      1       1    Spiralbohrer


RELATION: BIVZ
- BEZEICHNUNGEN

            BILDNAME        BINR
SCHNEIDKOERPER101            20
SCHNEIDKOERPER102            21
SCHNEIDKOERPER103            22
VERLAENGERUNG33             30
VERLAENGERUNG234            34
VERLAENGERUNG02             41
ADAPTER111                  78
SCHAFTFRAESER112           900
SPIRALBOHRER011            947
```

Tabelle 7.3:   Aufbau der Relationen zur Speicherung der
                Bilddaten.

erfolgt beim ersten Bildaufbau die Speicherung der Bildnummern und Faktoren sowie der Verweis auf zusätzliche Bildelemente, die nicht in den Teilbildern beschrieben sind, wie z.B. die Einsatzlänge xs in Bild 7.2.

Untersuchungen der Anforderungen an die Werkzeuggrafik (Tabelle 7.4) ergaben, daß die einzelnen Funktionsbereiche und deren Teilfunktionsbereiche Werkzeugbilder mit unterschiedlichem Detaillierungsgrad benötigen.

Dies wird anhand der Darstellung eines Spiralbohrers in Bild 7.3 besonders deutlich, bei der man gut die steigende Anzahl von Bildelementen erkennt.

Funktionsbereich	Anforderung	Grafische Realisierung
WZ-Planung - NC-Programmierung	- Kollisionsabschätzung - Beurteilung der geom. Einsatzmöglichkeiten - Bearbeitungssimulation	- Kontur des WZZB und Kennmaße - Schneide-, Kontur- und Grobmaße - maßstäbliche Außenkontur
WZ-Bewirtschaftung - WZ-Beschaffung	- Exakte Beschreibung der Werkzeugteiledaten Herstellernummer/Preis	- Grobkontur mit Bemaßung
WZ-Versorgung - WZ-Montage - WZ-Voreinstellung - WZ-Aufbereitung	- Kontur WZT + WZZB mit identifizierenden Maßen - Kontur des WZZB mit Maßbezugskanten und Soll-Maßen - Exakte Beschreibung des schneidenden WZ-teils	- Grobkonturen der WZ-Teile - Kontur der WZT u. WZZB mit Maßbezugskanten und Maßbezeichnungen - Kontur des SK mit Maßbezugskanten und Maßbezeichnungen
WZ- Einsatz - Interner WZ-Transport - Maschine rüsten	- Grobe Identifizierung des Werkzeugs - Bearbeitungssimulation auf der NC- Steuerung	- Grobkontur - maßstäbliche Außenkontur des Werkzeugs

Tabelle 7.4:   Anforderungen der Funktionsbereiche an die Werkzeuggrafik.

Die beim Aufbau von ISWO gesteckten Ziele hinsichtlich des Bildaufbaus (max. 3 Sekunden) und des Farbbildschirmpreises (unter DM 8000.--) konnten mit marktüblichen Bildschirmen auch für den Detaillierungsgrad III erreicht werden. Eine funktionsbereichsspezifische Bilderstellung z.B. durch Ergänzung eines Grundbildes (Bild 7.3 I) um zusätzliche Bildelemente (direkt oder stufenweise) für Detaillierungsgrad II und III in Bild 7.3 wurde daher nicht realisiert.

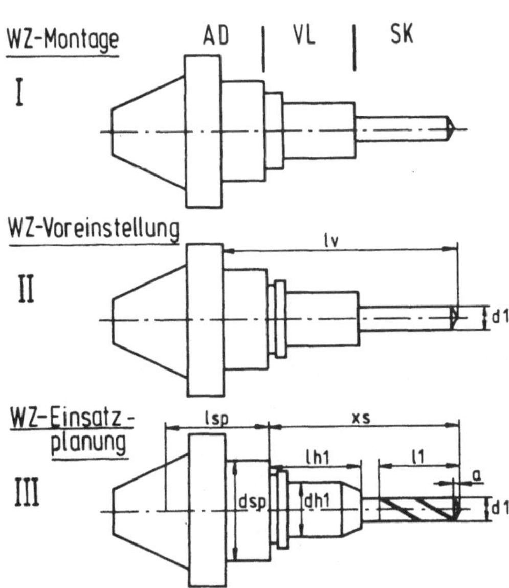

Bild 7.3: Darstellung eines Spiralbohrers mit unterschiedlichem Detaillierungsgrad.

7.1.2 Zugriff auf die Werkzeugstammdaten

Zur Datenein- und Datenausgabe sowie zur Datenmodifikation
werden die Werkzeugstammdaten in identisch aufgebauten werkzeugartspezifischen (z.B. Spiralbohrer, Zylinderfräser)
Bildschirmmasken grafikunterstützt dargestellt. Für jede
Werkzeugart können sechs Bildschirmmasken aufgebaut werden:

- Einstellbereiche und Vorzugseinstellmaße,
- Geometriedaten und Kollisionsmaße,
- Schneidengeometriedaten,
- Technologiedaten,
- NC-programmiersystemspezifische Daten (EXAPT) (Bild 7.4),
- Stückliste mit Montagereihenfolge (Bild 7.2).

Bei der Werkzeugartdefinition erfolgt nach der Vorgabe der
Werkzeugteilenummer die automatische Ermittlung der einzel-
teilspezifischen Angaben und deren Eintrag zusammen mit

werkzeugartspezifischen Standardwerten in die Beschreibungs-
masken. Bei der Beschreibung wird sichergestellt, daß alle
Primärschlüssel oder Primärschlüsselkomponenten besetzt sind
(Integritätsbedingung 1). Nur vollständig ausgefüllte Datensätze lassen sich auf Grund des gewählten Datenmodells ab-
speichern.

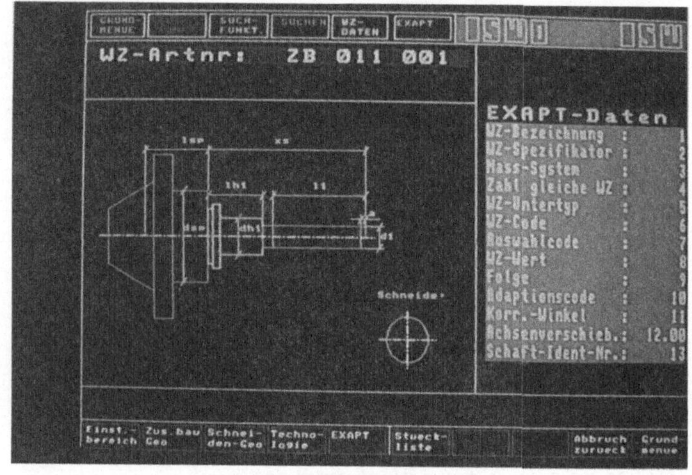

Bild 7.4:   Ausgabe NC-programmiersystemspezifischer Daten.

Zur Suche eines Werkzeugs mit spezifischen Werkzeugdaten
wurde ein komfortabler Auskunftsmodul integriert, der sich
an den Belangen der Werkzeugeinsatzplanung orientiert. Drei
Zugriffsverfahren stehen zur Verfügung:

- Suche über die Werkzeugartnummer oder einen -nummernbe-
  reich,
- Suche über den Werkzeugtyp und zusätzlich optional über
  geometrische und technologische Kenngrößen,
- Suche über die Einzelteilnummer im Verwendungsnachweis.

Über die Vorgabe von geometrischen und technologischen Kenngrößen kann einsatzfallspezifisch das geeignete Werkzeug,
z.B. Spiralbohrer mit 8mm Durchmesser, 200mm Einsatzlänge

für weiche Werkstoffe, selektiert werden.

Zur Datenausgabe werden die ermittelten Werkzeugartnummern sowie einige artspezifische Kenndaten (Bild 7.5) (z.B. beim Spiralbohrer: Durchmesser D1 Länge L1 Einsatzlänge, Schneidstoffcode und zulässige Vorschub- und Schnittkraft) ausgegeben. Über einen Selektionsvorgang kann eine bestimmte Werkzeugart ausgewählt und die Daten, wie oben beschrieben detailliert angezeigt werden.

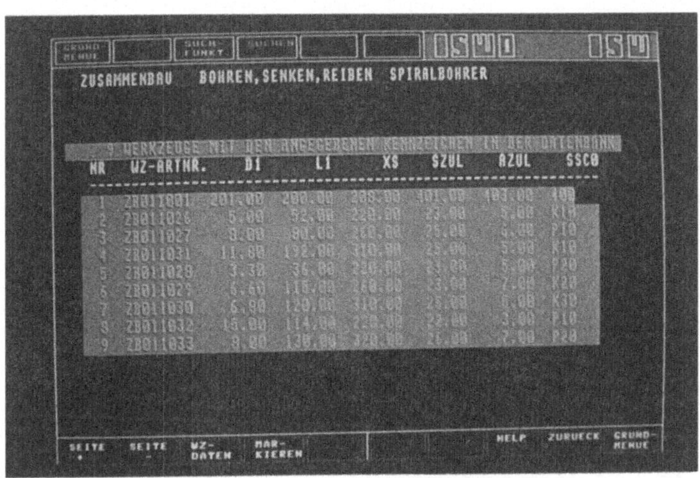

Bild 7.5: Anzeige selektierter Werkzeugarten.

7.2 Aufbau der Werkzeugvoreinstellzelle

Für die Steuerung der Werkzeugvoreinstellung wurde im Rahmen
dieser Arbeit eine Voreinstellzelle (Bild 7.6) für die
Steuerung und Überwachung der nachfolgend aufgeführten Aufgaben realisiert:

- Übernehmen und Abarbeiten der Werkzeugeinstelliste,
- Bereitstellen der Werkzeuge und deren Werkzeugzustandsdaten,
- Unterstützung der Werkzeugmontage durch Vorgabe der
  Montagereihenfolge und -anweisungen,
- "on-line" Datenübergabe der Soll-Maße an Werkzeugvoreinstellgeräte,
- "on-line" Datenübernahme der Ist-Maße vom Werkzeugvoreinstellgerät,
- Führen des Werkzeugsystemabbildes.

Zum Aufbau der Voreinstellzelle wurde eine ähnliche Struktur wie für das Steuerungssystem (Bild 7.6) der Fertigungszelle realisiert. An einen Kommunikationsbaustein, der die
Datenverteilung zwischen den einzelnen Tasks durchführt und
überwacht, sind die einzelnen Funktionsbausteine:

- Bedien- und Anzeigesystem,
- Anfragen (Datenbereitstellung aus der Datenbank),
- Montagesteuerung sowie
- Anpaßprogramme und Ein-/ Ausgabetreiber für die Vor-
  einstellgeräte

angehängt. Über den Bedien- und Anzeigebaustein, der mit
einer identischen Bedienoberfläche wie die Werkzeugorganisationszelle versehen ist, erfolgt die Vorgabe der Betriebs-
arten:

- Montieren und Einstellen,
  * zellenbezogenen,
  * maschinenbezogenen,
  * maschinen- und magazinbezogenen und
  * werkzeugartbezogenen

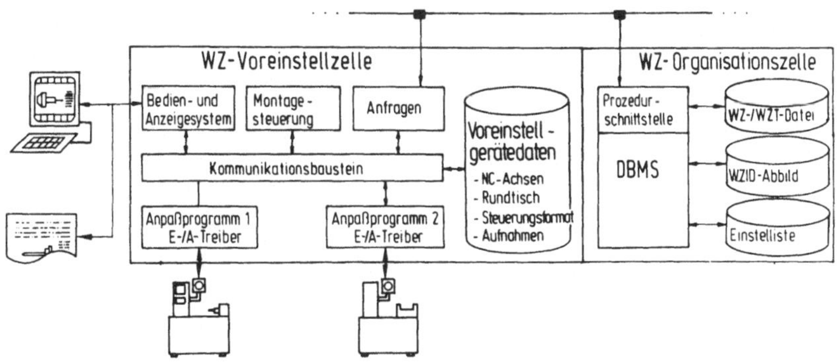

Bild 7.6: Steuerungssystem für die Werkzeugvoreinstellzelle.

- Kommissionieren,
- Bereitstellen von Werkzeugzustandsdaten und
- Demontieren.

Die Montagereihenfolge der Werkzeuge kann zusätzlich über:

- den Bereitstellungstermin,
- die Einstellpriorität und
- die Werkzeugart

beeinflußt werden.

Zur Montage wird über einen Bediendialog die Stückliste sowie die Montagereihenfolge der Einzelteile unterstützt durch eine Werkzeugskizze angezeigt.

Nach der Montage erfolgt die Aufbereitung der Werkzeugist-Maße für die Werkzeugvoreinstellgeräte. Zur Werkzeugvoreinstellung wurden zwei Geräte mit unterschiedlichem Automatisierungsgrad (manuelle/ NC-gesteuerte Linearachsen), Hardwareaufbau (Werkzeugaufnahme senkrecht/ waagrecht angeordnet) und Steuerungsaufbau und -schnittstellen eingesetzt. Für jedes Gerät werden die geräteunabhängigen Einstelldaten entsprechend codiert und mit einem gerätespezifischen Protokoll an die Voreinstellgeräte übertragen. Aufgrund dieser Anforderungen mußten gerätespezifische Anpaßprogramme er- stellt und in das Steuerungssystem der Voreinstellzelle in- tegriert werden. Da von den Voreinstellgeräteherstellern kein Trend zu einer Normung der Eingabeschnittstelle zu erkennen ist und keine geeignete Schnittstelle für eine Terminalemulation bereitsteht, kann die Werkzeugvoreinstel- lung nicht vom Voreinstellterminal (Bild 7.7) aus gesteuert werden. Der Werker muß daher den gerätespezifischen Ablauf und die Bedienung des Voreinstellgeräts beachten. Nach der Übertragung der Soll-Einstelldaten werden diese am Vorein- stellgerät angezeigt und das Werkzeug vermessen.

Bild 7.7: Vermessen eines Spiralbohrers.

Parallel zur Erstellung der Voreinstellmaske (Bild 7.8) erfolgt der Eintrag des Werkzeugs in das Systemabbild. Im Systemabbild werden sämtliche montierte Werkzeuge geführt (siehe Kap. 6.1.1 und Bild 6.3). Nach der Werkzeugvoreinstellung und der Rückübertragung der Werkzeugist-Maße werden diese in das Systemabbild eingetragen, so daß das Werkzeug für die Bearbeitung freigegeben werden kann. Zur eindeutigen Identifikation des Werkzeugs sowohl in der Voreinstellzelle als auch im Fertigungssystem sind Codierstifte entsprechend der Werkzeugidentnummer am Werkzeugadapter anzubringen. Die Werkzeugzustands- und Einsatzdaten (siehe Tabelle 4.2) werden in der Datenbank der Werkzeugorganisationszelle (Relation WZID) abgelegt. Dies ist möglich, da im Bereich der Werkzeugvorbereitung keine hohen zeitlichen Anforderungen an die Datenbereitstellung gestellt werden.

Bild 7.8: Voreinstellmaske für Bohrwerkzeuge.

Über die Werkzeugidentnummer, die den Primärschlüssel der Relation darstellt, erfolgt der Abruf der Zustandsdaten von der Fertigungszelle. Im Bereich der Voreinstellzelle kann der Werker über erweiterte Suchfunktionen (siehe Abschnitt 7.1.2) einsatzbereite Werkzeuge ermitteln. Zusätzlich zu den

Werkzeugidentnummern werden dabei der Werkzeugtyp, die Ist-
Maße sowie die aktuelle Standzeit und der Lagerplatz ange-
gezeigt (Bild 7.9).

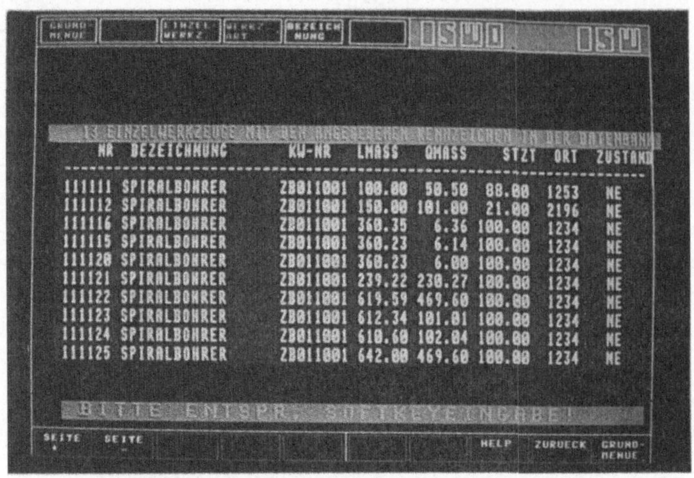

Bild 7.9: Typspezifische Ausgabe einsatzfähiger Werk-
           zeuge.

8 Ausblick auf weiterführende Arbeiten

Das vorgestellte integrierte Werkzeugorganisationssystem kann in den zwei Bereichen:

- Datenspeicherung und
- Benutzerschnittstelle

weiterentwickelt und verbessert werden. Neue Entwicklungen auf dem Gebiet der Datenmodelle versprechen eine kompaktere und übersichtlichere Struktur der Datenbasis. Besonders sind hier Entwicklungen der NF^2 (non first normal form) Datenmodelle abzuwarten /73/. NF^2-Datenmodelle unterscheiden sich von relationalen Datenmodellen darin, daß die erste Normalform für Relationen (vgl. Abschnitt 5.2.2) nicht eingehalten werden muß. In jedem Attribut können Mengen mit variablem Umfang, Vektoren, Matrizen und selbst Relationen eingetragen werden. Zusammengehörige Daten, die im relationalen Datenmodell in mehreren Relationen verteilt sind, können so formal "ineinander" abgelegt werden. Der Hauptvorteil dieses Datenmodells wird daher in der verringerten Zugriffszeit durch die kompaktere und übersichtlichere Darstellung zusammengehöriger Daten liegen.

Die Benutzerschnittstelle im vorgestellten System ist mit hierarchisch angeordneten Bedienmasken realisiert. Zur Suche eines Werkzeugs oder Werkzeugteils sind daher mehrere Ebenen des Bedienbaums zu durchlaufen. Durch den Einsatz von natürlicher Sprache, z.B. "In welchem Zusammenbau wird Schneidkörper SK018717 eingesetzt", kann die Benutzeroberfläche deutlich verbessert und vereinfacht werden. Zur Beantwortung der Frage sind Strategien zur Analyse und Codierung der Anfrage, umfangreiche Regeln zur Umsetzung der Frage in Datenbankzugriffe, sowie Wissen über die Semantik der Datenbasis nötig. Als geeignetes Hilfsmittel hierfür werden zur Zeit Expertensystemschalen (Shells) entwickelt. Diese Shells vereinfachen den Aufbau solcher Systeme durch die Bereitstellung von Problemlösungsmechanismen und Hilfsfunktionen, z.B. zum Verknüpfen (forward, backward chaining) des in Regeln und Fakten abgelegten Wissens, enorm.

Als Expertenwissen (Bild 8.1) sind in diesem Fall die Zu-
griffsstrategien, die Werkzeugauswahlregeln, Daten über Zu-
griffsregeln und die Semantik der Datenbasis abzulegen.
Neben dem Vorteil, daß der Benutzer bei freien Anfragen kein
Wissen über Suchschlüssel und die Dateienstruktur benötigt,
kann der Eingabekomfort durch das Erkennen von intensionalen

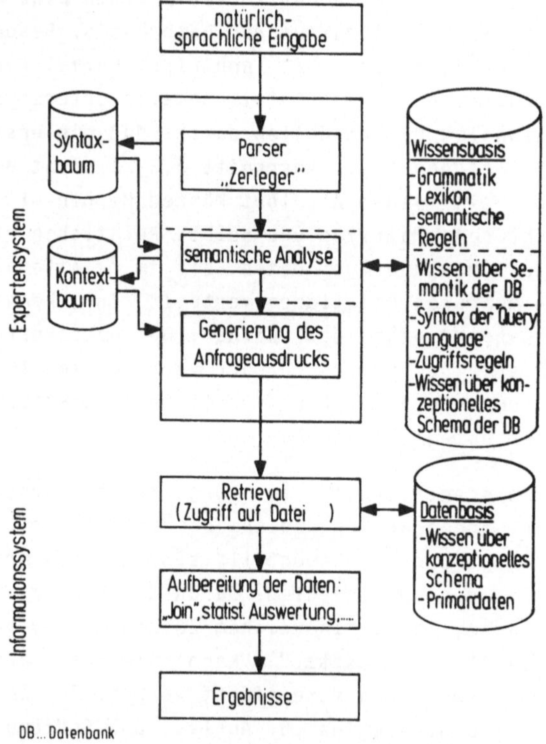

Bild 8.1: Aufbau eines Systems zur Verarbeitung von Anfragen in natürlicher Sprache.

und extensionalen Fehlern /74/ erheblich gesteigert werden.
Unter intensionalen Fehlern wird die falsche Kombination von
Suchschlüsseln (z.B. Preis von Einstellmaßen) verstanden.

Vom System werden diese Fehler erkannt und dem Benutzer mögliche Kombinationen der Suchschlüssel (z.B. Preis von Einzelteil und Einstellmaße von Werkzeug) angezeigt. Bei extensionalen Fehlern versucht der Benutzer, auf nicht definierte Daten (z.B. Spiralbohrer mit 800mm Länge) zuzugreifen. Bei der Antworterzeugung wird zwischen einem kooperativen und unkooperativen System unterschieden. Kooperative Systeme suchen bei negativer Antwort Lösungen, die der Fragestellung nahe kommen. Im Beispiel des Spiralbohrers könnte die Lösung folgendermaßen lauten: Der Begriff Spiralbohrer ist definiert, es sind jedoch nur Spiralbohrer mit 790mm oder 825mm Länge vorhanden.

Ein weiterer Vorteil liegt in dem expertensystemeigenen Erklärungsmodul, über den bei jedem Schritt das Vorgehen begründet und zusätzlich alle vorausgegangenen Entscheidungen dargestellt werden können.

9 <u>Zusammenfassung</u>

Die derzeitige Situation in der Fertigungstechnik ist charakterisiert durch ständig sinkende Innovationszeiten neuer Produkte bei gleichzeitig sinkenden Stückzahlen und hohem Kostenniveau und stellt somit hohe Anforderungen an die Flexibilität der Fertigung. Durch die Verkettung mehrerer Fertigungseinrichtungen zu flexiblen Fertigungszellen und -systemen können diese Anforderungen bei mittlerer Los- und Seriengröße vorteilhaft erfüllt werden. Die hohen Kosten für die Verkettungs- und Automatisierungseinrichtungen und die daraus resultierenden hohen Anlagestundensätze setzen für eine wirtschaftliche Fertigung eine hohe Maschinenauslastung voraus. Fehlerbedingte Maschinenstillstandszeiten z.B. durch Vorgabe falscher Werkzeugkorrekturwerte sind daher zu minimieren und das organisatorische Umfeld ist straffer an die Fertigung anzubinden.

Zur Analyse des Informationsflusses und der benötigten Werkzeugdaten wurde das Werkzeugwesen in vier Funktionsbereiche Werkzeugplanung, -bewirtschaftung, -versorgung und Werkzeugeinsatz unterteilt. Die Analyse des Informations- und Materialflusses erfolgt funktionsbereichsspezifisch unter dem Blickwinkel einer optimalen Versorgung der Fertigung mit Werkzeugen und Werkzeugdaten. Aus den Anforderungen der Funktionsbereiche wurde ein Konzept für eine rechnerunterstützte Werkzeugverwaltung entwickelt. Ein besonderes Augenmerk wurde dabei auf die Anforderungen des Werkzeuggeinsatzes und die Werkzeugversorgung, im zweiten Schritt jedoch auch auf die Einbeziehung der Anforderungen der übrigen Funktionsbereiche in das Gesamtkonzept gelegt.

Durch die Vielzahl der zu integrierenden Funktionsbereiche kann das entwickelte Werkzeugverwaltungssystem nicht in einem Schritt aufgebaut werden. Die gute Erweiterbarkeit der Datenbasis stand daher bei der Strukturierung im Vordergrund. Durch den offenen Systemaufbau der Werkzeugorganisationszelle ist die Integrationsfähigkeit in CIM-Konzepte sichergestellt. Da in den nächsten Jahren diese Konzepte stärker in den Vordergrund treten werden, wurden Auswirkungen auf den Datenumfang, die Datenredundanz sowie die Datenverteilung und Funktionsanordnung bei unterschiedlichem Automatisierungsgrad der Fertigung betrachtet.

Unter Beachtung der Anforderungen und Randbedingungen (siehe Kap 5.3) wurde eine für alle Betriebsbereiche einheitliche Datenbasis definiert und die für die Funktionsbereiche Werkzeugeinsatz, -versorgung und -planung relevante Datenbasis erstellt. Über das Werkzeugorganisationssystem ISWO erfolgt die Verwaltung und Verteilung der Werkzeugstammdaten. Mit dem interaktiven Benutzerinterface, das neben Bildschirmmasken zur Definition von Werkzeugarten auch komfortable Suchfunktionen für die Werkzeugeinsatzplanung enthält, kann der Inhalt der Datenbasis erweitert, verändert und angezeigt werden. Zur Verdeutlichung der angezeigten Werkzeugdaten erfolgt die Ausgabe von Werkzeugbildern, die mit Hilfe eines integrierten Bildeditors erstellt werden.

Durch die Generierung werkzeugeinsatzspezifischer periodenbezogener Dateien sowie die Erweiterung des Steuerungssystems der Pilotanlage um werkzeugspezifische Funktionsbausteine konnten die Maschinenstillstandszeiten durch fehlende Werkzeuge und/ oder falsche Werkzeugzustandsdaten verringert werden. Über die geschaffenen organisatorischen Dateien, deren Erstellung ausführlich hergeleitet wird, sind heute Ersatzwerkzeuge im System leicht zu ermitteln bzw. Eilaufträge on-line an die Werkzeugvoreinstellzelle zu übergeben. Darüber hinaus ermöglicht diese Kopplung eine Steuerung der Werkzeugmontage und -voreinstellung durch die Übergabe periodenbezogener Einstellisten. Umplanungen der Auftragsreihenfolge auf Grund fehlender Werkzeuge können somit weitgehend vermieden werden.

<u>Literatur</u>

/ 1/   Stute,G.   Flexible Fertigungssysteme.
                           wt- Z. ind. Fertig. 64 (1974),
                           S 147...156.

/ 2/   Storr,A., u.a.   Planung und Steuerung flexibler
                           Fertigungssysteme.
                           Stuttgart: Eigenverlag. 1984.

/ 3/   Tuffentsammer,K.   Flexible Fertigungssysteme.
                           tz für Metallbearbeitung 79
                           (1985) H.11, S. 23...35.

/ 4/   Mertins,K.   Entwicklungsstand flexibler Ferti-
                           gungssysteme.
                           ZwF 80 (1985) H.6, S.249...264.

/ 5/   Pritschow,G.   Die flexible Fertigungszelle- Chance
                           und Herausforderung auch für den
                           mittelständischen Betrieb.
                           wt- Z. ind. Fertig. 75 (1985),
                           S 663...668.

/ 6/   Chmielnicki,S.,   Planung des Materialflusses zur
       Mayer,J.   flexiblen Fertigung von Klemmhaltern.
                           Unveröffentlichter Bericht des ISW.
                           Stuttgart 1985.

/ 7/   Hammer,H.   Automatisierung von Fertigungsein-
                           richtungen.
                           Ind.-Anz. 106(1984) H.41, S.60...64.

/ 8/   Weck,M.,u.a.   Automatisierte Fertigungsüberwachung.
                           Ind.-Anz. 106(1984) H.56 S. 86...92.

/ 9/   Storr,A.,   Software als Produktkomponente für
       Frank,H.,   flexible Fertigungseinrichtungen.
       Walker,B.   wt- Z. ind. Fertig. 76(1986),
                           S.313...318.

/10/ Autorenkollektiv   Software für flexible Fertigungs-
                         systeme.
                         Bericht des PDV- Arbeitskreises.
                         KFK-PDV-Bericht 180, Kernforschungs-
                         zentrum Karlsruhe GmbH, 1979.

/11/ Weck,M.,   Fehlertolerante Steuersysteme.
      Frentzen,B.   Ind.- Anz. 108(1986) H. 1/2,
                         S.26...29.

/12/ Döttling,W.   Flexible Fertigungssysteme - Steue-
                         rung und Überwachung des Fertigungs-
                         ablaufs.
                         Berlin, Heidelberg, New York:
                         Springer- Verlag, 1981.

/13/ Möller,H.   Integrierte Überwachungs- und Dia-
                         gnosesysteme für numerische Steue-
                         rungen.
                         Berlin, Heidelberg, New York:
                         Springer 1986.

/14/ Storr,A.,   Eingabesprache für Funktionssteue-
      Grimm,W.   rungen mit Fehlerüberwachung.
                         wt- Z. ind. Fertig. 75(1985),
                         S.353...357.

/15/ Bauernfeind,U.   Rechnergestützt geplante Instandhal-
                         tung.
                         ZwF 79 (1984) H.12, S.604...606.

/16/ Mayer,J.   Werkzeugorganisation.
                         In "Leittechnik für verkettete Ferti-
                         gungssysteme".
                         Düsseldorf: VDI-Verlag, 1986.

/17/ Tuffentsammer,K.   Die automatisierten Fertigungssy-
                         steme.
                         tz. für Metallbearbeitung 79 (1985)
                         H.8, S.48...52.

/18/ Steinhilber,H.   Anforderungen an den Werkzeugfluß
                       flexibler Fertigungssysteme.
                       HGF-Kurzberichte (Lose-Blatt-Samm-
                       lung) Blatt 79/22 ,Essen: .Girardet,
                       1983.

/19/ Balbach,J.   Rechnerunterstützte Rationalisierung
                       des Werkzeugwesens in Betrieben mit
                       spanender Fertigung kleiner Serien.
                       Düsseldorf: VDI- Verlag GmbH ,1983.

/20/ Eversheim,W.,   Betrieb flexibler Fertigungssysteme
      u.a.   - Werkzeugorganisation.
                       Bericht zum Forschungsvorhaben im
                       Auftrag der Stiftung Volkswagenwerk,
                       1977.

/21/ DIN 66025   Programmaufbau für numerisch ge-
                       steuerte Arbeitsmaschinen.
                       Berlin, Köln: Beuth-Vertrieb, 1983.

/22/ DIN 44300   Informationsverarbeitung, Begriffe.
                       Berlin, Köln: Beuth-Vertrieb, 1982.

/23/ Wedekind,H.   Datenbanksysteme I.
                       Reihe Informatik Band 16.
                       Mannheim, Wien, Zürich: Bibliogra-
                       phisches Institut, 1974.

/24/ Wedekind,H.   Datenorganisation.
                       Berlin, New York: Walter de Gruyter,
                       1975.

/25/ Werz,M.   Zeitgemäße Werkzeugorganisation in
                       der Fertigungstechnik.
                       Werkstatt und Betrieb 119(1986) H.3
                       S.213...217.

/26/ Storr,A.,   Werkzeugorganisation.
      Mayer,J.   Abschlußbericht des Sonderforschungs-
                       bereich 155. (In Vorbereitung)

/27/ Steinhilber,H.   Planung und Realisierung von Werk-
                        zeugversorgungssystemen für die
                        NC- Bearbeitung.
                        Berlin, Heidelberg. New York: Sprin-
                        ger Verlag, 1985.

/28/ N.N.   Flexible Automatisierung beim Bohren
                        und Fräsen.
                        Firmenschrift Werner & Kolb 1985.

/29/ Warnecke,H.-J.,   Flexible Mehrstellenhandhabung mit
      Schuler,J.   mobilem Industrieroboter.
                        Robotersysteme (1985) H. 1,
                        S.53...63.

/30/ Pegels,H.   Automatisierter Werkzeugwechsel auf
                        Drehmaschinen findet statt.
                        Werkstatt u. Betrieb 117(1984) H.5.
                        S.277...281.

/31/ Storr,A.   Prozeßrechnereinsatz in der Ferti-
                        gungstechnik. Vorlesungsmanuskript.
                        Stuttgart: ISW Eigenverlag. 1985.

/32/ Firnau,J.   Flexible Fertigungssysteme - Ent-
                        wicklung und Erprobung eines zentra-
                        len Steuersystems.
                        Berlin, Heidelberg. New York: Sprin-
                        ger Verlag. 1982.

/33/ Schulz,H.,   Software für flexible Fertigungssy-
      Weseslindtner,H. steme.
                        ZwF 75(1980) H.8, S. 370...375.

/34/ Herrscher,A.   Flexible Fertigungssysteme - Entwurf
                        und Realisierung prozeßnaher Steuer-
                        funktionen.
                        Berlin, Heidelberg, New York: Sprin-
                        ger Verlag, 1982.

/35/ Kochan,D.,   Geeignete Informations- und Steue-
     Schaller,J.   rungseinrichtungen für moderne Fer-
                     tigungsstrukturen.
                     ZwF 81 (1986) H.5 S 259...261.

/36/ Ulrich,P.,   Material and Information Flow Design
     Weber,H.   of Flexible Manufacturing Systems.
                    In: Annals of the CIRP vol. 35/1
                    1986.

/37/ N.N.   FMC, flexible Fertigungszelle.
                    Nürnberg: Siemens Aktiengesell-
                    schaft, 1986.

/38/ N.N.   FFS-Leitsystem LS 7300.
                    Karlsruhe: Robert Bosch GmbH, 1985.

/39/ Schwager,J.   Diagnose steuerungsexterner Fehler
                    an Fertigungseinrichtungen.
                    Berlin, Heidelberg, New York: Sprin-
                    ger Verlag, 1983.

/40/ Mayer,J.,   Programmbausteine und Dateien von
     Walker,M.   Fertigungsleitsystemen.
                    In "Leittechnik für verkettete Ferti-
                    gungssysteme".
                    Düsseldorf: VDI-Verlag 1986.

/41/ Storr,A.,   Zeitdiskrete Simulation verketteter
     Mayer,J.   Fertigungssysteme.
                    In "Simulationstechnik in der Ferti-
                    gung".
                    München: Hanser Verlag. 1986,
                    S.143...358.

/42/ Chmielnicki,S., Diskrete Simulationsmodelle als
     Mayer,J.   Testumgebung für Steuerprogramme
                      komplexer Fertigungssysteme.
                      HGF- Kurzberichte (Lose-Blatt-Samm-
                      lung), Blatt 84/72.

/43/ Wurst,K.-H.,   Sensoren zur Überwachung von Abspan-
     Ruoff,W.   vorgängen.
                        wt.-Z.ind.Fertig. 75(1985),
                        S.679...681.

/44/ Brankamp,K.,   Bedienerloses Fertigen mit einer
     Bongartz,B.   Werkzeugstandzeitüberwachung.
                        wt.-Z.ind.Fertig. 75(1985),
                        S.175...178.

/45/ Maschke,H.   Intelligent und konsequent organi-
                        siertes Werkzeughandling steigert
                        Effizienz kostenintensiver Ferti-
                        gungsmittel.
                        NC-Fertigung (1985) H.4
                        S. 188...210.

/46/ Klicpera,U.   Überwachung des Werkzeugverschleißes
                        mit Hilfe der Zerspankraftrichtung.
                        Stuttgart: Technischer Verlag Günter
                        Großmann GmbH, 1976.

/47/ Schmidt,J.,   Werkzeugorganisation in flexiblen
     Westerteicher,W.   Fertigungssystemen.
                        Ind.-Anz. 106(1984) H.66 S.32. 35

/48/ Ströhlein,U.,   Flexible Fertigungssysteme und deren
     Wolf,G.   Werkzeugversorgung.
                        Ind.-Anz. 108(1986) H.36, S.28...31.

/49/ N.N.   Werkzeugeinstellgeräte und Meßgeräte
                        im Datenverbund.
                        Ind.-Anz. 107(1985) H.68, S.32...34.

/50/ Homann,N.   Einstellen und vermessen von Werk-
                        zeugschneiden in der NC-Fertigung.
                        tz für Metallbearbeitung 79 (1985)
                        H.9, S.32...34.

/51/ Weck,M.,   Identifikationssysteme für Automati-
     Dern,U.,   sierungsaufgaben.
     Leiendecker,M.   Ind.-Anz. 108(1986) H.1/2 S.12. .14.

/52/ Mayer,J.,   Informationsflußtechnische Verknüp-
     Zirbs,J.   fung von Steuerungssystemen mit
                       anderen Betriebsbereichen.
                       In "Leittechnik für verkettete Ferti-
                       gungssysteme".
                       Düsseldorf: VDI-Verlag, 1986.

/53/ Schmidt,E.W.   Werkzeugkodierung und Datenverwaltung
                       beim Block-Tool-System.
                       Werkstatt u. Betrieb 119(1986) H.7,
                       S. 607...609.

/54/ N.N.   Zoller tool-brain, Softwarebeschrei-
                       bung.
                       Freiberg: Alfred Zoller GmbH, 1984.

/55/ Petersen,W.,   Werkzeugdatenbanksysteme.
     Schmiedeskamp,R. Ind. Anz. 108(1986) H.35, S.36...37.

/56/ N.N.   Werkzeugverwaltung /1000 Software-
                       beschreibung.
                       Böblingen: HP GmbH, 1986.

/57/ N.N.   Werkzeugverwaltung.
                       Krailling: rwt GmbH, 1986.

/58/ Diehl,W.,   Werkzeuggrafikkonzept für rechner-
     Hellberg,K.,   unterstützte Werkzeugverwaltung und
     Schmiedeskamp,R. Bearbeitungssimulation.
                       ZwF 80(1985) H.5, S.195...199.

/59/ Maschke,H.   Intelligente und konsequent organi-
                       siertes flexibles Werkzeughandling
                       steigert Effizienz kostenintensiver
                       Fertigungsmittel.
                       NC-Fertigung (1985) H.5 S.188...210.

/60/ N.N.   EXAPT-Werkzeugdatei für Fräswerk-
                        zeuge.
                        EXAPT-Verein Aachen 1980

/61/ Storr,A.,   Werkzeugorganisation mit Schnitt-
     Mayer,J..   stelle zu Fertigungsleitsystemen.
     Walker,M.   wt.-Z.ind. Fertig. 76(1986) H.5
                        S.287...291.

/62/ Hopp,P.   Beitrag zur Optimierung des Werkzeug-
                        einsatzes in flexiblen Fertigungs-
                        systemen zur Bearbeitung prismati-
                        scher Werkstücke.
                        Stuttgart: Technischer Verlag Günter
                        Grossmann GmbH, 1982.

/63/ Ehrlenspiel,K.   Möglichkeiten zum Senken der Produk-
                        tionskosten - Erkenntnisse aus einer
                        Auswertung von Wertanalysen.
                        Konstruktion 32(1980) H.5
                        S.173...178.

/64/ Schaumann,R.   Ermittlung und Berechnung der kosten-
                        günstigsten Standzeit und Schnittge-
                        schwindigkeit.
                        wt- Z. ind. Fertig. 60 (1970),
                        S.14...21.

/65/ Langheinrich,G.   Entscheidungstabellen im Werkzeugwe-
                        sen, dargestellt bei der Auswahl von
                        Bohrwerkzeugen.
                        wt- Z. ind. Fertig. 67 (1977),
                        S.339...343.

/66/ Eversheim,W.,   Rechnergestützte Fertigungsmittelaus-
     Wesch,H.   wahl auf der Basis von Optimiermo-
                        dellen.
                        maschine + werkzeug (1982) H.16,
                        S.22...30.

/67/ Donn,R.   Simulation von spanenden Bearbei-
                           tungen an gewendelten Nuten.
                           in "Simulationstechnik in der Ferti-
                           gung".
                           München, Wien: Carl Hanser Verlag.
                           1986.

/68/ Storr,A.,   Entwicklung eines maschinenneutralen
      Donn,R.,   Programmiersystems für das Schleifen.
      Mayer,J.   PFT-Bericht. KfK-PFT 94, Kernfor-
                           schungszentrum Karlsruhe, 1985.

/69/ Date,C.J.   An Introduction to Database Systems.
                           Reading Massachusetts, Amsterdam.
                           London: Addison-Wesley Publishing
                           Company, 1984.

/70/ Zehnder,C.A.   Datenbanksysteme und Datenbanken.
                           Zürich: Verlag der Fachvereine, 1982.

/71/ Storr,A.,   Aufbau und Betrieb der Pilotanlage.
      Mayer,J.   Abschlußbericht des Sonderforschungs-
                           bereich 155. (In Vorbereitung)

/72/ Depiereux, W.R.   Die Ermittlung optimaler Schnittbe-
                           dingungen insbesondere im Hinblick
                           auf die wirtschaftliche Nutzung nu-
                           merisch gesteuerter Werkzeugmaschi-
                           nen.
                           Dr.-Ing. Diss. RWTH Aachen, 1969.

/73/ Autorenkollektiv   Design of an integrated DBMS to sup-
                           port advanced applications.
                           IBM, wissenschaftliches Zentrum.
                           Heidelberg: März, 1985.

/74/ Marburger,H.   Kooperativität in natürlichsprachli-
                          chen Zugangssystemen.
                          Wissensbasierte Systeme. GI- Kongreß
                          München 1985
                          Berlin Heidelberg New York:
                          Springer Verlag. 1985.

ISW Forschung und Praxis

Berichte aus dem Institut für Steuerungstechnik der Werkzeugmaschinen und Fertigungseinrichtungen der Universität Stuttgart

Herausgegeben bis Band 57 von Prof. Dr.-Ing. G. Stute †
ab Band 58 Prof. Dr.-Ing. G. Pritschow

1   D. Schmid, Numerische Bahnsteuerung, 89 S., 1972

2   H. Schwegler, Fräsbearbeitung gekrümmter Flächen, 111 S., 1972

3   J. Eisinger, Numerisch gesteuerte Mehrachsenfräsmaschinen, 90 S., 1972

4   R. Nann, Rechnersteuerung von Fertigungseinrichtungen, 125 S., 1972

5   G. Augsten, Zweiachsige Nachformeinrichtungen, 140 S., 1972

6   B. Karl, Die Automatisierung der Fertigungsvorbereitung durch NC-Programmierung, 121 S., 1972

7   H. Eitel, NC-Programmiersystem, 117 S., 1973

8   E. Knorr, Numerische Bahnsteuerung zur Erzeugung von Raumkurven auf
rotationssymetrischen Körpern, 131 S., 1973

9   S. Bumiller, Viskohydraulischer Vorschubantrieb, 123 S., 1974

10   K. Maier, Grenzregelung an Werkzeugmaschinen, 139 S., 1974

11   J. Waelkens, NC-Programmierung, 159 S., 1974

12   E. Bauer, Rechnerdirektsteuerung von Fertigungseinrichtungen, 138 S., 1975

13   H. König, Entwurf und Strukturtheorie von Steuerungen für Fertigungseinrichtungen, 206 S., 1976

14   H. Damsohn, Fünfachsiges NC-Fräsen, 143 S., 1976

15   H. Jetter, Programmierbare Steuerungen, 141 S., 1976

16   H. Henning, Fünfachsiges NC-Fräsen gekrümmter Flächen, 179 S., 1976

17   K. Boelke, Analyse und Beurteilung von Lagesteuerungen für numerisch gesteuerte
Werkzeugmaschinen, 106 S., 1977

18   F.-R. Götz, Regelsystem mit Modellrückkopplung für variable Streckenverstärkung,
116 S., 1977

19   H. Tränkle, Auswirkungen der Fehler in den Positionen der Maschinenachsen
beim fünfachsigen Fräsen, 103 S., 1977

20   P. Stof, Untersuchungen über die Reduzierung dynamischer Bahnabweichungen
bei numerisch gesteuerten Werkzeugmaschinen, 118 S., 1978

21   R. Wilhelm, Planung und Auslegung des Materialflusses flexibler Fertigungssysteme,
158 S., 1978

22   N. Kappen, Entwicklung und Einsatz einer direkten digitalen Grenzregelung
für eine Fräsmaschine mit CNC, 123 S., 1979

23   H. G. Klug, Integration automatisierter technischer Betriebsbereiche, 124 S., 1978

24   D. Binder, Interpolation in numerischen Bahnsteuerungen, 132 S., 1979

25 O. Klingler, Steuerung spanender Werkzeugmaschinen mit Hilfe von Grenzregeleinrichtungen (ACC), 124 S., 1979

26 L. Schenke, Auslegung einer technologisch-geometrischen Grenzregelung für die Fräsbearbeitung, 113 S., 1979

27 H. Wörn, Numerische Steuersysteme-Aufbau und Schnittstellen eines Mehrprozessorsteuersystems, 141 S., 1979

28 P. B. Osofisan, Verbesserung des Datenflusses beim fünfachsigen NC-Fräsen, 104 S., 1979

29 J. Berner, Verknüpfung fertigungstechnischer NC-Programmiersysteme, 101 S., 1979

30 K.-H. Böbel, Rechnerunterstützte Auslegung von Vorschubantrieben, 113 S., 1979

31 W. Dreher, NC-gerechte Beschreibung von Werkstücken in fertigungstechnisch orientierten Programmiersystemen, 105 S., 1980

32 R. Schurr, Rechnerunterstützte Projektsteuerung hydrostatischer Anlagen, 115 S., 1981

33 W. Sielaff, Fünfachsiges NC-Umfangfräsen verwundener Regelflächen. Beitrag zur Technologie und Teileprogrammierung, 97 S., 1981

34 J. Hesselbach, Digitale Lageregelung an numerisch gesteuerten Fertigungseinrichtungen, 111 S., 1981

35 P. Fischer, Rechnerunterstützte Erstellung von Schaltplänen am Beispiel der automatischen Hydraulikplanzeichnung, 111 S., 1981

36 U. Ackermann, Rechnerunterstützte Auswahl elektrischer Antriebe für spanende Werkzeugmaschinen, 118 S., 1981

37 W. Döttling, Flexible Fertigungssysteme – Steuerung und Überwachung des Fertigungsablaufs, 105 S., 1981

38 J. Firnau, Flexible Fertigungssysteme – Entwicklung und Erprobung eines zentralen Steuersystems, 112 S., 1982

39 A. Herrscher, Flexible Fertigungssysteme – Entwurf und Realisierung prozeßnaher Steuerungsfunktionen, 103 S., 1982

40 U. Spieth, Numerische Steuersysteme – Hardwareaufbau und Ablaufsteuerung eines Mehrprozessorsteuersystems, 115 S., 1982

41 A. Schimmele, Rechnerunterstützter Entwurf von Funktionssteuerungen für Fertigungseinrichtungen, 106 S., 1982

42 M. Sanzenbacher, NC-gerechte Beschreibung von Werkstücken mit gekrümmten Flächen, 105 S., 1982

43 W. Walter, Interaktive NC-Programmierung von Werkstücken mit gekrümmten Flächen, 112 S., 1982

44 J. Huan, Bahnregelung zur Bahnerzeugung an numerisch gesteuerten Werkzeugmaschinen, 95 S., 1982

45 H. Erne, Taktile Sensorführung für Handhabungseinrichtungen – Systematik und Auslegung der Steuerungen, 111 S., 1982

46 D. Plasch, Numerische Steuersysteme – Standardisierte Softwareschnittstellen in Mehrprozessor-Steuersystemen, 112 S., 1983

47 Z. L. Wang, NC-Programmierung – Maschinennaher Einsatz von fertigungstechnisch orientierten Programmiersystemen, 103 S., 1983

48 J. Schwager, Diagnose steuerungsexterner Fehler an Fertigungseinrichtungen, 121 S., 1983

49 P. Klemm, Strukturierung von flexiblen Bediensystemen für numerische Steuerungen, 113 S., 1984

50 W. Runge, Simulation des dynamischen Verhaltens elektrohydraulischer Schaltungen – Einsatz von geräteorientierten, universellen Simulationsbausteinen, 132 S., 1984

51 H. Steinhilber, Planung und Realisierung von Werkzeugversorgungssystemen für die NC-Bearbeitung, 126 S., 1984

52 R. Ohnheiser, Integrierte Erstellung numerischer Steuerdaten für flexible Fertigungssysteme, 115 S., 1984

53 M. Keppeler, Führungsgrößenerzeugung für numerisch bahngesteuerte Industrieroboter, 125 S., 1984

54 P. Kohler, Automatisiertes Messen mit NC-Werkzeugmaschinen, 129 S., 1985

55 K.-H. Rieger, Rechnerunterstützte Projektierung der Hardware und Software von speicherprogrammierten Steuerungen, 123 S., 1985

56 G. Vogt, Digitale Regelung von Asynchronmotoren für numerisch gesteuerte Fertigungseinrichtungen, 126 S., 1985

57 S. Chmielnicki, Flexible Fertigungssysteme – Simulation der Prozesse als Hilfsmittel zur Planung und zum Test von Steuerprogrammen, 120 S., 1985

58 W. Renn, Struktur und Aufbau prozeßnaher Steuergeräte zur Verkettung in flexiblen Fertigungssystemen, 137 S., 1986

59 K. Harig, Quantisierung im Lageregelkreis numerisch gesteuerter Fertigungseinrichtungen, 113 S., 1986

60 H. Frank, Programmier- und Überwachungsfunktionen für teileartbezogene NC-Werkzeugmaschinen, 115 S., 1986

61 H. Möller, Integrierte Überwachungs- und Diagnose-Systeme für numerische Steuerungen, 131 S., 1986

62 H. Fink, Einsatz speicherprogrammierbarer Steuerungen in der Fertigungstechnik, 126 S., 1986

63 J. Fleckenstein, Zustandsgraphen für SPS – Grafikunterstützte Programmierung und steuerungsunabhängige Darstellung, 139 S., 1987

64 E. Wagner, Steuerungen von Koordinatenmeßgeräten mit schaltenden und messenden Tastsystemen, 133 S., 1987

65 W. Grimm, Diagnosesystem für steuerungsperiphere Fehler an Fertigungseinrichtungen, 143 S., 1987

66 W. Swoboda, Digitale Lageregelung für Maschinen mit schwach gedämpften schwingungsfähigen Bewegungsachsen, 141 S., 1987

67 G. Gruhler, Sensorgeführte Programmierung bahngesteuerter Industrieroboter, 119 S., 1987

68 B. Walker, Konfigurierbarer Funktionsblock Geometriedatenverarbeitung für numerische Steuerungen, 125 S., 1987

69 J. Mayer, Werkzeugorganisation für flexible Fertigungszellen und -systeme, 126 S., 1988